Oil and Gas Guidebook Series

유전 투자의 이해

유전투자에 성공한 기업의 전술, 전략 및 프로세스 가이드

저자 : Jim Haag

역자 : 정웅재, 이석민

감수 : 장일식

도서출판

구미서관

책 소개

이 책은 유전 투자에 성공한 모범 사례들을 정리해보자는 아이디어에서 출발하였다. 그러한 아이디어에 업계 전문가 및 동료들과 오랜 기간 동안 함께한 나의 경험이 덧붙여져서 이 책이 되었다. 이 책은 그러한 경험들의 산물이며 어느 한 회사의 성공 사례가 아니라 많은 회사들의 성공 사례의 집합이다.

Disclaimer

이 책에 소개된 추천, 자문, 설명 그리고 방법들은 단순히 교육을 목적으로 한 것입니다. 저자 및 출판사는 이 책의 실무 적용으로 인하여 발생하는 어떠한 손실이나 손해에 책임이 없습니다. 이 책의 적용으로 인한 위험과 책임은 독자에게 있습니다.

목 차

서문 xi
한국 독자에게 xiii
감사의 말 xiv
역자 후기 xvi

제1장 성공한 기업의 특징 3
1-1 매수자와 매도자 3
1-1-1 매수자의 특징 3
1-1-2 매도자의 특징 7
1-2 네트워크 11

제2장 거래의 동기 15
2-1 매도자의 입장 15
2-2 매수자의 입장 17

제3장 거래를 하지 않는 이유 21
3-1 매도자의 입장 21
3-2 매수자의 입장 23

제4장 매도자의 평가 방법 29
4-1 재무적 의사 결정 29
4-2 보유 가치 32
4-3 세금 효과 33
4-4 장부상 이익 감소 35
4-5 재무 효과 37

제5장 매각 전략 41
5-1 경매에 의한 매각 41
5-2 유전 중개인에 의한 매각 49
5-3 내부 인력을 통한 매각 50
5-4 공동 소유자에게 매각 51

제6장 유전 매각 절차 55
6-1 사전 준비사항 55
6-2 데이터 룸 준비사항 57

6-3 제3자 매장량보고서 ···· 58

제7장 인수 절차 ···· 63
7-1 인수 절차에 따른 업무 ···· 63
7-2 적극적 접근법 및 수동적 접근법 ···· 65
7-2-1 적극적 접근법 ···· 66
7-2-2 수동적 접근법 ···· 67
7-3 데이터 룸 방문 ···· 67
7-4 매장량 평가 ···· 68
7-5 자금조달 방안 ···· 69
7-6 유가/가스가격의 고려 ···· 70

제8장 유전의 단계별 위험 ···· 75
8-1 발견 단계 ···· 75
8-2 평가 단계 ···· 75
8-3 개발 단계 ···· 76
8-4 생산 단계 ···· 76
8-5 재개발 단계 ···· 77
8-6 고갈 단계 ···· 78

제9장 평가 방법 ···· 81
9-1 공정 시장 가치 ···· 81
9-2 매도자와 매수자의 관점 비교 ···· 82
9-3 시장 배수 모형에 따른 자산 인수 ···· 83
9-4 역사적 시장 배수 ···· 87
9-5 운영 관련 이슈 ···· 89

제10장 가격 결정 ···· 93
10-1 가격 결정 요인 ···· 93
10-2 유전 패키지 거래 ···· 95
10-3 민감도 분석 ···· 96
10-4 유가 ···· 97
10-5 매장량 증가 ···· 98

제11장 동종 자산 교환 ···· 101

제12장 신규 발견 유전의 거래 ···· 105
12-1 특징 ···· 105
12-2 매각 이유 ···· 105
12-3 매수자의 평가 ···· 106
12-4 심해 유전 사례 ···· 107

제13장 제안의 설계 ········ 111
13-1 선택과 대안 ········ 111
13-2 가치의 평가 ········ 113
13-3 전략적 가치 ········ 116
13-4 패키지 매각 사례 ········ 118

제14장 우선 매수권 ········ 125

제15장 매도자 보호 방안 ········ 131

제16장 계약서 협상 ········ 137
16-1 계약 조건(Terms and Conditions) ········ 137
16-2 발효일(Effective date) ········ 138

제17장 자산 실사 ········ 143

제18장 정부 승인 ········ 147

제19장 매각 프로그램 ········ 151

제20장 과거 거래 추세 분석 ········ 157
20-1 역사적 인수 가격 ········ 157
20-2 시장 배수 상승 ········ 160

제21장 기업 합병 ········ 165

제22장 성과 평가 ········ 171

제23장 교훈 ········ 175
23-1 프로세스 ········ 175
23-2 실무팀 구성 ········ 176
23-3 평가 ········ 176
23-4 협상 ········ 177
23-5 실행 ········ 178

제24장 사례 연구 ········ 183
24-1 그룹 1, 우수한 생산 자산 거래 ········ 183
24-2 그룹 2, 생산이 감소하고 있는 자산의 매각 ········ 196
24-3 그룹 3, 자산 교환 ········ 199

그림 목차

그림 1-1 운영비 절감의 가능성 ········ 4
그림 1-2 가격 방어 구조 ········ 5
그림 1-3 헤지에 의한 가격 방어 구조 ········ 6
그림 1-4 과거의 포트폴리오 변동 ········ 7
그림 1-5 현재의 포트폴리오 변동 ········ 9
그림 1-6 요구수익률이 낮은 회사의 매장량 인수 사례 ········ 10
그림 2-1 남부 루이지애나 습지에 위치한 어떤 유전의 변화 ········ 16
그림 3-1 유가 상승에 따른 자산 가치의 상승 ········ 22
그림 4-1 적절한 자산 매각 시점 결정 ········ 31
그림 4-2 시장 가치 변화에 따른 매각 시점의 결정 ········ 31
그림 4-3A 세금 계산 사례 1 ········ 33
그림 4-3B 세금 계산 사례 2 ········ 34
그림 4-4 다양한 판매 시점에 따른 이익 효과 ········ 37
그림 5-1 경매 거래액의 증가 ········ 43
그림 5-2 경매 거래 건당 평균 거래금액의 성장 ········ 44
그림 5-3 25만 달러 이상 되는 경매 건수의 성장 ········ 44
그림 5-4 경매에서 패키지 당 평균 거래 가격의 상승 ········ 45
그림 5-5 사업 지분과 로열티 지분 간의 BOEPD당 가격 비교 ········ 47
그림 5-6 경매에서 유가와 BOEPD 당 가격의 상관 관계 ········ 48
그림 9-1A 및 그림 9-1B 기간에 따른 매장량 및 생산량 단위당 가격 비교 ········ 85
그림 9-2 가채 연수 및 매각 가격과의 관계 ········ 86
그림 9-3 시장 배수의 비교 ········ 87
그림 9-4 거래 규모의 분포 ········ 89
그림 10-1 주요 평가 변수의 민감도 ········ 96
그림 11-1 동종 자산교환을 통한 절세와 매장량 보유 ········ 102
그림 13-1 위험에 대한 인식에 따른 매장량 ········ 115
그림 13-2 텍사스 패키지 매각 결과 - Black Owl 및 Heyser Fields ········ 118
그림 13-3 텍사스 패키지 매각 결과 - Pawnee 및 West Fields ········ 119
그림 13-4 루이지애나 매각 패키지 결과 - Fordoche 및 Homer Fields ········ 120
그림 13-5 미시시피 매각 패키지 결과 - Gwinville 및 W Heidelburg Fields ········ 121

그림 13-6 미시시피 매각 패키지 결과 - Jaynesville 및 Vaughts Fields ········ 122
그림 15-1 Gulf of Mexico 자산 매입 시 매도자 보호를 위한 보증보험의 결정 ····· 132
그림 20-1 미국 거래 현황 ········ 158
그림 20-2 매장량 당 평균 거래 가격 ········ 158
그림 20-3 전체 거래 대금 및 건수 ········ 159, 160
그림 21-1A 및 21-1B 거래 유형에 따른 거래 가격 비교 ········ 167
그림 22-1 자산 거래 후 성과 평가표 ········ 172
그림 23-1 프로젝트 참여자 영향도(Influence Diagram) ········ 179

표 목차

표 4-1 미래 현금흐름의 현재가치의 결정 ········ 30
표 9-1 기간에 따른 현금 거래의 상대적 원가 ········ 84
표 9-2 시장 배수의 계산 ········ 85
표 9-3 거래 규모별 매매 통계 ········ 88
표 10-1 유가와 매매 가격 변동폭 비교 ········ 98
표 13-1 매장량 위험 조정 계수 ········ 113
표 21-1 매수법 및 지분 통합법에 따른 시장 배수 비교 ········ 167

서문

이 책은 유전 거래 과정을 이해하고자 하는 사람에게 유용한 가이드를 제공하기 위해 쓰여졌다. 유전 투자 의사결정, 유전 평가 방법의 선택, 매입/매각 제안의 구성과 실행에 사용되는 전략, 효과적 협상 방법과 거래 완료(closing) 등은 유전 투자의 핵심적인 활동이다. 각 기업마다 각기 다른 고유의 방법으로 이러한 프로세스를 따르는 것은 비과학적이다. 만약, 이 책에서 제시된 프로세스를 시행착오를 통해 배운다면 많은 대가를 치르게 될 수도 있으며 실제로 많은 기업들이 부도나거나 강제 인수되었다.

유전 개발 기업에서 발생하는 막대한 이익이나 손실은 주로 유전 매입/매각의 결과에 의해 나타난다. 만약 각 기업들이 유전 매입/매각 과정에 대한 지식이 충분하지 않으면 기업들은 많은 비용과 시간을 소모하게 된다.

모든 매수자는 "승자의 저주"를 잘 알고 있다. "승자의 저주"는 높은 입찰 경쟁률로 인해 의도하지 않게 높은 가격으로 자산을 매수하였으나, 매수가격이 높아 회사에 큰 이득이 되지 않는다는 것을 뒤늦게 깨닫는 것을 의미한다. 경험이 부족한 인수 팀이 비이성적이고 부정확한 분석으로 비싸게 자산을 매수하였다면, 그들은 자산이 속한 회사가 그러한 실수를 견뎌낼 정도로 큰 기업이고, 그러한 실수가 다시 반복되지 않기를 바라는 수 밖에 없다.

대부분의 미국 내 생산 자산들은 고갈될 때까지 여러 번 거래된다. 공개된 자료에 의하면, 지난 25년간 6,000건 이상의 거래가 있었으며 거래 규모로 보면 6,500억 달러 이상이다. 다시 말해, 매수/매각 거래 과정에서 막대한 자산이 위험에 노출된다. 유전 거래를 하는 기업들은 이 책에 제시된 원칙들에 대해 숙지하여 전문가가 되어야만 위험에 성공적으로 선제적 대응이 가능할 것이다.

공격적인 기업들은 기업의 전략적 목적 달성을 위해서 유전 투자를 통해 포트폴리오 구성을 최적화 한다. 거래에 필요한 전문지식은 그 가치를 매길 수 없으며 성공한 기업들은 이를 핵심 경쟁력으로 여긴다. 지질학, 지구물리학, 석유공학, 토지, 법률, 마케팅 그리고 재무적인 정보를 빈틈없이 분석하는 것은 거래의 시작일 뿐이다. 그러한 정보 분석은 일반적으로 빡빡한 스케줄 속에서 진행된다. 경영진 보고 및 입찰 전략은 신속하게 진행되며 제안서의 제출로서 일정이 마무리된다. 이러한 열정적 노력이 성공적인 거래로 마무리된다면, 거래에 참가한 사람들은 성공의 희열을 느끼게 될 것이다.

이 책은 개별적 생산 자산 또는 발견된 미생산 자산 또는 그러한 자산들의 패키지의 매입/매수에 대해서 설명할 것이다. 결정론적 평가 방법을 따르는 생산 자산과 달리 순수탐사 자산 거래는 확률론적 평가 방법을 따르기 때문에 논의에서 제외하였다. 또한 비록 여기에서 다루는 개념들은 기업 M&A 거래의 경우에도 생산 자산의 분석의 기본이 되긴 하지만, 이 책에서는 기업 M&A 거래는 논의에서 제외하고 자산 거래에 대해서만 다루었다. 유전 그 자체의 가치를 넘어서는 기업 M&A 거래 분석에 필요한 복잡한 재무적이고 법률적인 이슈들 또한 이 책의 범위에서 벗어나므로 여기에서 논의하지 않았다.

각 기업은 각자가 선호하는 경제성 평가 모델이 있다. 일반적으로 메이저(major)들은 몇 세대에 거쳐 진화한 사내 프로그램을 사용한다. 대부분의 독립계 석유회사(independent)들은 소프트웨어 제공자가 자주 업그레이드 해주고 가장 널리 쓰여지고 상업적 사용이 가능한 프로그램들을 사용한다. 일부 소규모 운영자는 과거에 유용하게 쓰였던 주먹구구 방식을 아직 사용한다.

어떠한 유전 평가 방법을 사용하든지 간에, 인수 과정 및 인수 후 결과 분석에 동일한 방식으로 적용할 수 있다면 어떠한 평가 방법이든 사용 가능하다.

기업들이 생산 자산을 평가함에 있어 참고할 수 있는 훌륭한 책들이 많이 있다. 그러한 책들은 가치평가, 불확실성 및 위험을 분석하는 접근 방법을 제공한다. 경제성 평가론, 의사 결정 분석 교과서, 전문 잡지, 학술논문, 강의 및 학술 발표 등은 유전자산의 인수와 매각을 위한 정확한 가치평가에 도움이 될 것이다.

한국 독자에게

유전 개발 사업은 많은 자금이 소요되고 많은 위험이 상존한다. 성공을 위해서는 유전 개발 회사는 기술 전문가 및 자금력이 필요하나 무엇보다도 일정하게 훌륭한 판단을 할 수 있고 예리한 분석력을 보유한 전문가 조직이 필요하다. 매년 전세계에서 매장량을 확보하기 위해 쓰이는 돈은 수 십억 달러가 넘으며 그러한 거래는 상대적으로 일부 소수의 전문가들의 평가에 기초하여 이루어진다. 많은 회사에서 인수 및 매각을 위해 사용되는 프로세스는 각 회사마다 다르다. 그러나 성공적인 유전 투자를 위해서 누구에게나 필요한 프로세스가 있다. 이 책은 유전 투자를 위해서 우리가 반드시 알아야 하는 중요한 프로세스 및 주제들을 다루었다.

2003년, 이 책은 저자의 유전 투자 강의 노트를 출판해보는 것이 어떻겠냐는 친구의 격려에서 시작되었다. 저자는 운 좋게도 PennWell 社의 도움을 받아서 2005년에 책을 출판하게 되었다.

유전 개발에 몸을 담고 있는 많은 한국 독자들이 이 책을 보고 있다는 사실이 명예로웠으며 역자인 정웅재 군이 나에게 한글판 출판에 대해서 처음 제안해 왔을 때 저자는 매우 영광스러웠고 그러한 그의 노력에 격려를 보냈다. 비록 2005년 이후 유가가 확실히 상승하여 이 책 속의 그래프 및 표들이 지금 상황과 차이가 있지만 유전 개발의 원칙과 방법들은 여전히 유효하고 가치가 있으며 유전 투자를 하고자 하는 누구에게나 여전히 신뢰할 수 있는 가이드 라인을 제공할 것이라 믿는다.

저자는 정웅재 군이 저자에게 출판을 제안한 이후 한글판 출판을 위해 Pennwell 社의 신속한 승인을 얻기 위해 했던 노력과 열정에 박수를 보내며 그와 이 책을 읽는 모든 사람이 그들의 회사에 성공적인 가치를 창출하는 데 도움이 되기를 바란다. 진정한 팀워크, 위험 관리, 예리한 분석 그리고 합리적으로 정의된 목표를 공유한 모든 구성원이 함께 잘 어우러져서 성공을 이루었을 때, 당신의 가장 자랑스러운 순간이 될 것이다.

Jim Haag
Author

감사의 말

이 책을 집필하는 데 도움과 참고가 되어준 아래의 단체들에게 감사의 뜻을 보낸다.

석유평가공학자회(SPEE, The Society of Petroleum Evaluation Engineers)

SPEE는 유전 평가 전문가들이 상호이익을 위해 1962년에 설립하였다. SPEE는 석유공학자가 유전을 평가함에 있어 도움이 될 만한 다양한 책들을 출판하였다. 최근에 출판된 학술논문 「Perspectives on the Fair Market Value of Oil and Gas Interests」는 공정가치(fair market value) 추정의 기초가 되는 사례와 기본적인 평가원칙들을 담고 있다. 연간 나오는 「Survey of Economic Parameters Used in Property Evaluation」은 산업 전문가들의 평가 요소에 대한 예측 정보들을 담고 있다.

석유회계사회(COPAS, The Council of Petroleum Accountants Societies)

COPAS는 오일 및 가스 회계와 관련한 다양한 문제를 해결하기 위해 1961년 설립되었다. 이들이 출간한 「인수를 위한 자산 실사 체크 리스트」(Property Acquisition Checklist, 1995)는 거래 과정에 있어 모든 회계적 이슈에 대해 점검할 수 있는 훌륭한 체크 리스트이다.

필자는 다음의 기업들에게 자신들의 정보 인용을 허락한 것에 대하여 감사를 표한다.

The Scotia Group, Inc.

Scotia는 유전 투자 자문사로 1981년에 설립되었으며, 전세계에 걸쳐 다양한 경험을 보유하고 있다. 전문가 의견 보고서, 인수 평가, 탐사 분석, 매장량 연구 및 시뮬레이션, 연구 및 기술 적용, 전략 수립 및 위험 분석 그리고 매장량 분석과 자산 평가 등의 서비스를 제공한다. Scotia는 데이터베이스 접근을 허락해주었으며, 데이터베이스 접근을 통해 1979년부터 6,500개 이상의 미국 내 거래와 1982년부터 현재까지의 거래 규모 등 다양한 정보를 얻을 수 있었다.

The Oil & Gas Asset Clearinghouse

유전 중개회사인 The Clearinghouse 는 오일 및 가스 자산의 거래와 관련한 모든 서비스를 제공하는 자문사이다. 이 회사는 오일 및 가스 산업 고객들의 구체적인 수요를 충족시키기 위하여 평가자문, 기술자문 그리고 마케팅과 같은 포괄적인 서비스를 제공한다. 이 회사는 유전 거래에 관한 업계 선두주자이며, 이 책에 언급된 경매와 관련한 모든 역사적 자료들을 제공해주었다.

또한 필자는 집필에 항상 큰 힘이 되어준 가족에게 감사의 뜻을 보낸다. 나의 아내 Annette 는 용기를 북돋아주고 지원을 아끼지 않았으며 집필기간 동안 항상 나의 응원을 해주었다. 나의 아들들, Jeremy와 Chris, 그리고 나의 며느리 April은 자신의 공부와 연구에 매일매일 고심하는 모습을 보이면서 내게 영감을 주었다. 나의 부모님도 또한 일생 동안 배움의 가치를 심어주셨고, 또한 이러한 덕목은 자기발전을 위한 힘과 자극이 되었다.

Texaco에는 많은 전문가들과 멘토가 있었고, 나는 운 좋게도 그들과 셀 수 없을 만큼 많은 프로젝트를 함께 투자 할 수 있었다. 자산 평가부터 거래 완료 과정을 통해 업계의 동료들과 나는 함께 하루 하루를 알차게 보낼 수 있었다.

나에게 용기를 준 것에 대해 특별히 감사해야 하는 사람이 있다. 그의 이름은 Gene 'Skip' Wiggins다. Skip은 좋은 친구일 뿐만 아니라 유능한 전문가다. 그는 나의 강의 노트가 더 높은 차원으로 발전할 수 있는 비전을 처음으로 본 사람이다. 그가 없었다면 이 책은 없었을 것이다.

마지막으로, Penwell 社의 편집장 Marla M. Patterson에게 이 원고 출판을 허락해준 것과 나의 노력이 성공적 출판으로 가도록 안내해준 것에 대하여 감사를 표한다.

역자 후기

유전 개발 사업은 위험이 크지만 숙련된 전문가 조직과 그들의 현명한 판단력만 있다면 그 위험에 선제적으로 대응하여 높은 수익을 안정적으로 거둘 수 있는 매력적인 사업이다. 해외자원개발협회의 통계에 따르면 한국이 최근 10년간 오일 및 가스 매장량 확보를 위해서 해외에 투자한 금액은 300억 달러를 넘었다. 또한 금융권에서는 2006년 베트남 15-1 유전펀드 출시 이후 유전 투자 펀드 설립도 꾸준히 이어지고 있으며 국책은행, 투자은행 그리고 정부에서도 유전개발을 지원하기 위한 다양한 상품을 만들고 있다. 최근 비전통자원(unconventional oil and gas)인 셰일가스(Shale gas) 혁명으로 북미에 유전개발 붐이 일어나면서 유럽, 중국 및 일본 자본뿐 만 아니라 국내 유전개발회사들의 북미 진출이 이어지고 있다. 이렇게 유전 투자에 대한 관심이 높아지고 있지만 유전 투자와 관련하여 국내에 참고할 만한 서적이 없다는 현실에서 그 동안 실무적으로 참고했던 이 책을 번역하게 되었다.

이 책은 성공적으로 유전 투자를 하기 위한 방법에 대해 설명하고 있다. 역사적으로 어떤 기업이 성공하였는지, 기업들이 왜 유전을 사고 파는 지, 유전 투자 단계는 어떻게 되는 지, 투자 프로세스 상의 위험과 위험 관리 전략은 무엇인지, 유전 평가는 어떻게 해야 하며 협상은 어떻게 해야 하는 지, 자산 실사 방법과 투자 후 성과 평가 방법 그리고 필요한 자원(resources) 등에 대해서 저자가 30년간 현장에서 경험한 실무적, 이론적 지식에 대해 체계적으로 설명하고 있다. 비록 책이 출간된 지 8년이 되었지만 유전 투자를 위한 불변의 성공 전략을 담고 있으며 유전개발에 관심이 있는 전략적 투자자나 재무적 투자자에게 매우 훌륭한 입문서 및 지침서가 될 것이라고 자신한다.

항상 아낌없는 격려와 응원을 보내주신 GS 에너지 조항선 전무님, 번역의 기반을 닦아주신 더커 자산운용 정종세 상무님, ㈜ GNR 이동권 대표이사님, 삼천리 자산운용 이주수 이사님 그리고 번역하는 데 힘이 되어주신 한국투자신탁운용 반재환 차장님께 감사의 마음을 보낸다.

그리고 친절하게도 역자의 수 많은 질문에 꼼꼼히 답해주고 역자의 요청에 흔쾌히 한국 독자에게 특별 메시지도 전해준 저자 Jim Haag, 바쁘신 와중에 부족한 원고를 감수해주신 조선대학교 장일식 교수님, 번역 내내 깊은 고민을 함께 해주신 공동 역자 포스코 이석민 팀장님, 마지막으로 항상 사랑과 웃음으로 격려를 보내준 나의 아내에게 감사의 마음을 보낸다.

2013. 2월
역자 정 웅 재

유전 투자의 이해

제1장 성공한 기업의 특징

1-1 매수자와 매도자
  1-1-1 매수자의 특징
  1-1-2 매도자의 특징
1-2 네트워크

유전 투자의 이해

[제1장 성공한 기업의 특징]

1-1 매수자와 매도자

1-1-1 매수자의 특징

성공한 매수자들은 매입가격 이상의 상당한 가치를 창출해 내는 능력이 있다. 그러한 가치를 창출하는 경우는 다음과 같다.

- 매입가격이 실제 자산가치보다 낮은 경우
- 석유제품 가격이 매입시점에 가정했던 가격보다 상승하여 이익이 증가하는 경우
- 매수자가 과거에 사용된 적이 없는 기술이 있거나 새로운 기술을 개발한 경우
- 매수자가 성공적인 탐사 또는 탐사 시추 프로그램을 수행한 경우
- 매수자가 미확인 매장량을 개발할 수 있거나 매장량의 회수를 가속화시킬 수 있는 경우
- 매수자의 운영비가 매도자의 운영비보다 낮을 경우
- 매수자의 유정 폐공 및 복구 비용이 매도자의 유정 폐공 및 복구 비용 보다 낮은 경우

첫 번째의 경우는 매도자가 매도가격의 산정에 있어 실수를 했을 때에만 가능하다. 두 번째 경우는 운이 좋아야 가능한 경우이다. 가끔 예상치 못하게 이런 경우가 발생하기는 하지만, 실수나 운에 의존하는 두 가지 상황 모두 인수를 할 때 믿을만한 근거가 되지 못한다. 그러나 두 가지 상황 중 어느 상황이던, 그러한 일이 일어

난다면 성공적인 매입이 될 것이다.

나머지 방법들에는 공통점이 있다. 자산 인수 전 분석 시점에 매수자는 매수자가 자산을 보유했을 시나리오 분석을 통해 매도자가 예측하는 것보다 더 많은 현금흐름의 창출 가능성을 적극적으로 확인한다는 점이다. 인수 전에 뛰어난 분석을 할 수 있으며, 추가 이익 가능성(upside potential)[1]을 확인하고, 효율적으로 운영할 줄 아는 기술적 전문가를 보유한 기업들이 있다. 그들은 거의 실수를 하지 않으며, 자신들의 지질학적 전문지역이 아닌 지역에 대해 영역을 넓히지 않으며 또한 양보다 질을 우선시한다. 그림 1-1에는 운영비 절감의 가능성에 대해 설명하고 있다. 운영권자 1은 운영권자 2로부터 유전 B 매입을 고려하고 있다.

그림 1-1 운영비 절감의 가능성

	유전 A : 운영권자 1	유전 B : 운영권자 2
생산정 수(개)	30	5
생산량	4,500 bpd	500 bpd
생산비	$4/bbl	$5/bbl

bbl = barrel ; bpd = barrels per day

- 유전 B가 7년간 500 bpd로 생산하는 것을 가정할 경우 매장량은 약 1.3 백만 배럴이다.
- 운영권자 1의 생산비는 운영권자 2의 생산비보다 $1/bbl 낮다.
- 운영권자 1이 유전 B를 7년 동안 운영한다면 운영권자 2에 비하여 총 1.3 백만 달러의 비용을 절감할 수 있다.
- 운영권자 1에게 유전 B의 가치는 운영권자 2의 경우보다 1.3 백만 달러 더 높으므로 그 만큼 더 지불할 가치가 있고 그 거래를 통해서 운영권자 1은 간접비 절감 효과가 추가로 발생하여 추가로 수익을 남길 수 있다.

1) 역자주 : 추가 이익 가능성(upside potential)이란 추정매장량(probable reserves) 및 가능매장량(possible reserves)의 개발 · 생산을 통해 확보할 수 있는 이익 또는 주변 유망구조에 대한 탐사시추로 탄화수소의 부존을 확인하여 개발 · 생산을 통해 확보할 수 있는 이익을 말한다. 추가 이익 가능성은 확인매장량(proved reserves) 에 비해 개발 위험은 높으나 확인매장량에 비하여 할인된 가격으로 인수하므로 수익율은 높다.

모든 매수자들은 더 많은 매장량을 확보하려 한다. 매장량의 자연적 감쇄로 인해 탐사에 성공하지 못한 기업들은 끊임없이 매장량을 찾아 헤맨다. 많은 기업들은 비싸고, 위험 부담이 큰 탐사사업을 원하지 않으며, 따라서 회사 규모를 유지시키거나 성장시키기 위해 매장량 인수를 추진한다.

매수자가 분석을 진행하는 동안 매도자가 매각을 추진하지 않았던 매물들이 매각되는 경우가 많다. 이는 공격적인 매수자에 의해 거래가 만들어졌기 때문이다. 일반적으로 좋은 자산을 보유하고 있는 사람에게 매각을 고려하게 하기는 어렵기 때문에, 매수자들은 창의적인 제안을 한다. 향후 개발 또는 탐사의 위험과 보상을 공유하자는 제안은 비교적 흔한 제안이다. 다른 예로 매도자는 위험이 높은 추가 이익 가능성(upside potential)을 인지하였으나 추가 개발은 하지 않기로 결정한 경우 매수자는 그 추가 개발 이익의 일부를 매도자와 공유하는 것을 조건으로 자산의 일부 매각을 유도할 수 있다. 매수자는 개발되지 않았을 수도 있는 매장량을 개발하려는 것이기 때문에 이러한 거래는 매수자, 매도자 그리고 토지 소유자 모두에게 이익이 된다.

가격 보호 장치(price protection) 또한 매수자와 매도자의 유가 변동 위험을 한정할 수 있는 방법이다. 그림 1-2에 나오는 것처럼 계약 구조를 설계할 수 있다. 유가 상승으로 인해 매수자의 현금흐름의 증가가 상당하여 합의된 예상 가격 수준을 상회하는 경우 매도자는 거래 완료 후 몇 년간 추가적인 수익의 공유를 원할 수 있다. 매수자도 마찬가지로 유가가 예상외로 상호 합의된 예상 가격 수준 이하로 하락할 경우에 동일한 보호를 받기를 원한다. 만약 가격이 상호 합의된 예상 가격

그림 1-2 가격 방어 구조

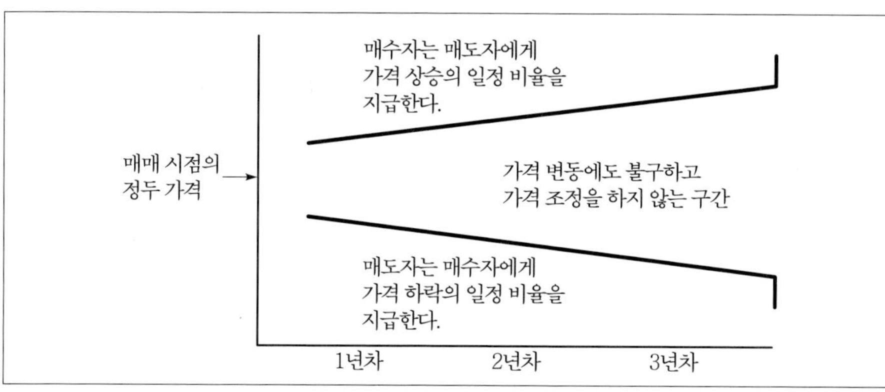

수준 이하로 하락할 경우 매도자는 매각대금의 일부를 매수자에게 돌려주게 된다.

또한 매수자는 오일 및 가스 생산량 헤지를 통해 예측 가능한 현금흐름으로 고정시킬 수 있다. 유전 인수를 통해서 더 많은 수익을 얻기 위해서는 첫째 해 및 둘째 해의 생산량 및 비용 추정이 정확해야만 한다. 성공적 인수에도 불구하고 돈을 잃을 수 있는 가격 하락 위험을 방지 하기 위해서 매수자는 그림 1-3과 같이 생산량에 대해 최저 가격을 보장하도록 수수료를 내는 헤지 거래를 통해 프로젝트로부터 수익성을 고정시킬 수 있다. 일부 헤지 구조 또는 칼라(collar)[2] 헤지 구조는 유가 및 가스가격이 상승할 때에도 그 이익을 향유할 수 있다(반면, 헤지 계약 상대방은 유가 및 가스가격 상승 시에 손해를 보게 된다).

그림 1-3 헤지에 의한 가격 방어 구조

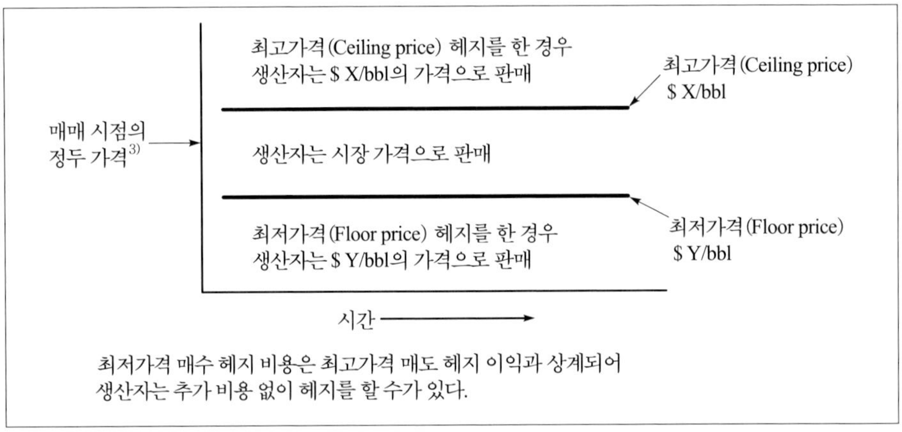

성공적인 매수자는 신중하게 그리고 선별적으로 자산을 인수하며 시장 공정 가치 대비 과도한 가격으로 자산을 인수하지 않으며 적절한 수익률을 제공하는 지속적인 프로세스가 있다. 만약 어떤 회사가 가장 높은 가격으로 입찰에 낙찰되었다면 이는 시가 대비 너무 많은 가격을 주고 인수했다는 의미이다. 이러한 상황에서 어떠한 경우에는 원금을 회수하지 못하고 적절한 수익을 회수하기가 어려울 것이다.

2) 역자주 : 칼라(collar) 헤지란, 콜옵션을 매도하고 그 매도대금(프리미엄)으로 풋옵션을 매수하여 유가를 일정 구간에 헤지하여 이익과 손실의 폭을 제한하는 구조를 의미한다.

3) 역자주 : 정두(wellhead)란 생산정의 지상 설비 중 하나로 크리스마스 트리처럼 생긴 밸브로 이루어진 부분을 의미한다. 정두가격은 운송비 등 기타 비용을 차감하기 전의 정두 기준 판매 가격을 의미한다.

1-1-2 매도자의 특징

가장 성공적인 매도자들은 성공한 매수자이기도 하다. 그들은 자산 평가 전문가들이며 거래 과정에서의 미묘한 차이와 위험 요인을 잘 알고 있다.

역사적으로 90년대 초부터 대부분의 매도자들은 메이저(major)[4]들이었고, 대부분의 매수자들은 독립계 석유회사(independent)[5]들이었다. 그림 1-4는 대표적인

그림 1-4 과거의 포트폴리오 변동

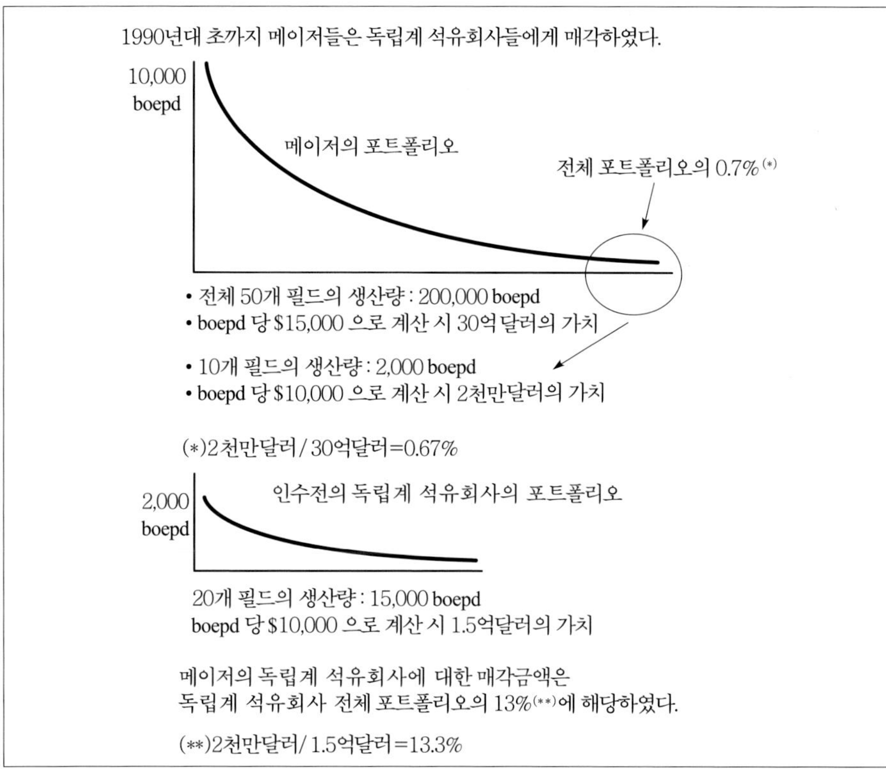

4) 역자주 : 일반적으로 ExxonMobil, Royal Dutch Shell, BP, ChevronTexaco 등을 의미하며 상류부문(Upstream)* 에서 하류부문(Downstream)*까지 통합된 가치사슬(Value Chain)을 보유하고 있다.

5) 역자주 : 메이저에 비해 규모가 작고 상류부문(Upstream)에 사업이 한정되어 있는 회사들로서 특정 분야, 특정 지역에 경쟁 우위를 보유하고 있다. Anadarko, EOG, Apache 등

* 역자주 : 석유 산업은 크게 상류부문(Upstream), 중류부문(Midstream) 그리고 하류부문(Downstream)으로 분류된다. 상류부문은 지하에 매장된 원유 및 가스를 탐사 및 시추를 통해 생산하여 지상으로 회수하는 산업을 일컬으며, 중류부문은 주로 운송, 저장과 관련된 산업을 그리고 하류부문은 원유 및 가스를정유하여 그 제품을 판매 하는 산업을 말한다.

거래에서 기업 종류에 따른 상대적인 포트폴리오 크기를 나타낸 것이다. 이러한 거래 결과 매수자와 매도자는 그들 각각의 포트폴리오를 업그레이드 시킬 수 있었다.

1998년에서부터 메이저들뿐만 아니라 독립계 석유회사들이 합병하였다. 그 결과 미국에서는 거대 메이저, 대규모 독립계 석유회사 그리고 소규모 독립계 석유회사 세 종류의 기업 규모로 구분되었다. 이는 과거의 매각 활동과는 다른 변화를 불러일으켰다. 합병기업들은 새로운 회사의 전략과 맞지 않는 가장 작은 규모의 포트폴리오 자산은 매각을 진행했다. 그 결과, 거대 메이저들은 많은 자산을 대규모 독립계 석유회사에게 팔았고, 대규모 독립계 석유회사들은 그보다 작은 자산들을 소규모 독립계 석유회사에게 팔았다. 그림 1-5는 세 가지 규모에 따른 자산 매각 경향을 보여준다.

앞에서 언급하였듯이, 미국에서 대부분의 생산 자산을 소유했던 거대 메이저들은 최근 십 년간 자신들의 포트폴리오의 많은 부분을 매각하였다. 그들은 1990년에 그들의 핵심 생산지였던 자국 내 생산 자산의 극히 일부만 보유하고 있다. 각 회사는 매각을 위해 다양한 과정들을 개발하였다. 그들의 매각 접근법은 매우 다양하며, 인력 요건, 자산 특성, 자산 크기, 가치, 지질, 복구비용 및 환경분담금 등을 포함한 생산 자산의 특성에 바탕을 두고 있다.

독립계 석유회사들은 이렇게 매각된 자산들의 대부분을 구입하였다. 매수자들은 부단한 생산정 개선노력을 통해 인수 전에 예상한 감쇄 곡선보다 일 생산량이 증가하였고 그 결과 상당한 가치를 창출하였다. 독립계 석유회사들이 메이저들이 찾아내지 못한 가치들을 찾고 개발할 수 있었던 이유는 다음과 같다.

- 매우 숙련된 전문가들이 다른 것에 신경 쓰지 않고 신규 인수 업무에만 집중할 수 있다.
- 성공적으로 가치를 창출한 직원들에 대한 금전적인 보상이 일반적이다.
- 경제성이 불확실한 작은 자산을 탐사하려는 의지가 강하다.
- 비용 상승을 유발하는 기업 방침이 따로 없어서 효율적인 운영이 가능하다.
- 독립계 석유회사는 자본에 대한 요구수익률이 낮다.
- 메이저가 '비 핵심 지역'이라고 분류한 곳들은 일반적으로 세심한 관심을 받지 못하기 때문에 기회가 많다.

그림 1-5 현재의 포트폴리오 변동

1990년대 중반부터 메이저는 대형 독립계 석유회사들에게 매각하였다.

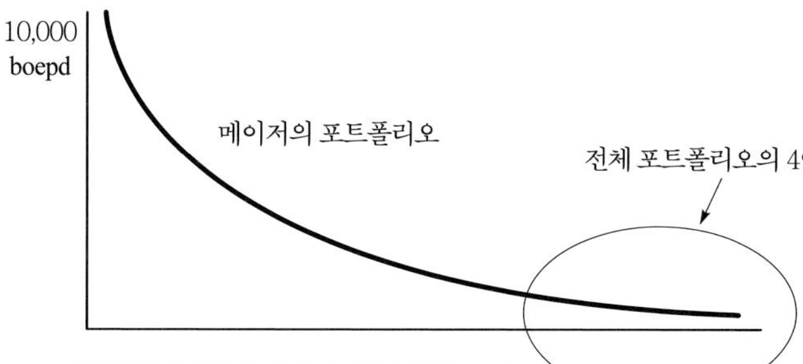

• 전체 50개 유전의 생산량 : 200,000 boepd
• boepd 당 $15,000 으로 계산 시 30억달러의 가치

• 20개 유전의 생산량 : 10,000 boepd
• boepd 당 $12,000 으로 계산 시 1.2억달러의 가치를 대형 독립계 석유회사에 매각

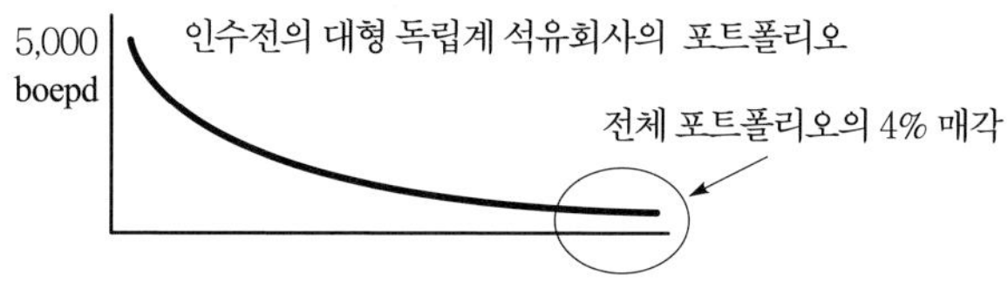

• 30개 유전의 생산량 : 50,000 boepd
• boepd 당 $12,000 으로 계산 시 6억달러의 가치

• 6개 유전의 생산량 : 1,000 boepd
• boepd 당 $10,000 으로 계산 시 1천만달러의 가치를 소형 독립계 석유회사에 매각

메이저의 대형 독립계 석유회사에 대한 매각금액은
대형 독립계 석유회사의 전체 포트폴리오의 20%에 해당하였다.

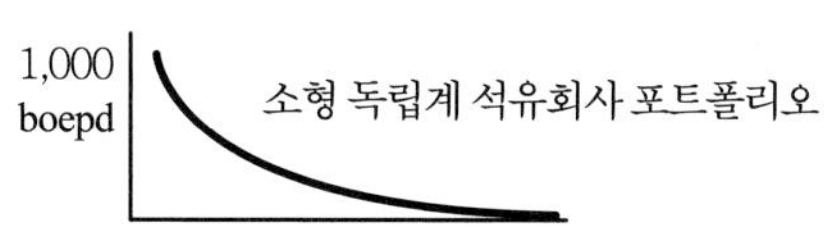

• 10개 유전의 생산량 : 5,000 boepd
• boepd 당 $12,000 으로 계산 시 6천만달러의 가치

대형 독립계 석유회사의 소형 독립계 석유회사에 대한 매각금액은
소형 독립계 석유회사 전체 포트폴리오의 17%에 해당하였다.

6) 역자주 : boe란 barrel of oil equivalent, 가스 6 mcf를 동일한 열량을 지니는 오일 1 bbl로 환산한 단위
boepd란 barrel of oil equivalent per day

다음 그림 1-6의 사례는 만약 운영권자가 매각시점에 매장량의 일부를 평가하지 않았다면 이는 매수자에게 중요한 수익의 기회를 제공할 수 있다는 것을 보여준다.

그림 1-6 요구수익률이 낮은 회사의 매장량 인수 사례

- 유전은 메이저에 의해 운영되고 있으며 궁극 가채량은 10 백만 배럴이다.
- 메이저는 8 백만 배럴을 생산하고 나머지 2 백만 배럴은 매각하기로 하였다.
- 독립계 석유회사는 유전을 배럴당 6 달러로 계산하여 12 백만 달러에 매수하기로 하였다.
- 독립계 석유회사는 낮은 요구수익율로 인해 궁극가채량의 5%에 해당하는 양을 추가개발할 수 있다.

추가 매장량 50만 배럴(10 백만 배럴 X 5%)이 독립계 석유회사에 미치는 효과

구분	단가	총액
총 매출액	(@ $20/bbl)	$ 10,000,000
총 투자액	(@ $2/bbl)	(1,000,000)
총 생산원가	(@ $4/bbl)	(2,000,000)
총 세금	(@ $3/bbl)	(1,500,000)
총 로열티	(@ $3/bbl)	(1,500,000)
순 이익	(@ $8/bbl)	4,000,000

일부 매장량 생산만으로도 4백만 달러의 이익이 발생하여 매수비용의 3분의 1을 회수할 수 있다.

매수자가 향후 유전을 재개발하여 발생하는 이익은 메이저의 매각 대금에 포함되어 있지 않다. 그러나 독립계 석유회사들은 추가 이익(upside potential)을 얻기 위해 상당한 위험을 감수하며, 메이저는 그러한 위험을 고려하여 적절한 매각 대금을 받는다. 앞서 언급했듯이 독립계 석유회사는 메이저보다 더욱 공격적인 비즈니스 모델을 가지고 있다. 성공적인 매도자들은 가장 공격적인 매수자들이 누구인지를 파악하고 자산을 매각할 때 선택적으로 그들에게 연락을 한다. 유전 거래 시장에는 두 참여자 모두를 위한 수요와 그 시장이 있다.

매도자의 최종 목표는 자산의 보유 가치를 넘어 프리미엄이 포함된 가격으로 거래를 완료하는 것이다. 이를 위해 매도자는 추가 이익 가능성(upside potential)을 위험 계수 반영 전(unrisked) 기준으로 신뢰성 있게 설명할 필요가 있다. 매장량 및 추가 이익 가능성(upside potential)의 계산은 주관적 해석의 여지가 있으며 매수자들마다 자산에 대한 위험 평가를 다르게 하기 때문에, 공격적이면서도 납득할 만한 자료해석을 제공해야 매도자는 좋은 제안을 받을 수 있게 된다.

1-2 네트워크

1-1에서는 유전 투자에 성공한 기업의 특징에 대하여 논의하였다. 그러한 성공적인 대부분의 거래에서는 보이지 않는 강력한 사업자간의 유대 관계가 작용한다. 대부분의 기업들은 과거에 공정하게 협상하고 시장가격에 맞게 거래를 했던 파트너들과 거래하는 것을 선호한다.

메이저가 하나의 독립계 석유회사와 성공적으로 여러 번의 거래를 성사시켰을 때, 자연스럽게 그 메이저는 시간과 노력을 들여 데이터 룸을 일반에 공개하기보다는 그 독립계 석유회사와 직접적으로 매각 협상을 진행하기 원한다. 이것이 바로 작은 기업들이 끊임없이 얻기를 원하는 지위와 평판이다. 이러한 루트를 통한 매입은 소규모 회사나 신생 독립계 석유회사에게 매력적인 포트폴리오를 만들어 줄 수 있다. 멕시코 만의 작지만 성공적인 기업들의 대부분은 1990년대에 이러한 접근 방법을 통해 성공적으로 자신들의 사업을 발전시켰다.

소규모 독립계 석유회사들은 과거 메이저 근무 경험을 통해 메이저의 포트폴리오에 대해 알고 있는 직원들을 보유한 경우가 많다. 그들은 위험이 높거나 매장량이 작아서 메이저들이 관심이 없는 자산에 관심을 둔다. 그 지역의 시추를 위해 지분 매각(farm-out)이 이루어지기도 하고 조인트 벤처가 형성되기도 하며, 나아가 당사자간의 매매가 이루어지기도 한다. 때때로 메이저는 노후 자산을 매각하면서 탐사자산과 같은 추가개발이익이 있는 자산의 우선적 로열티 지분(overriding royalty interest)[7]을 유지하기도 한다. 이러한 방법으로 탐사 포텐셜(potential)의 시추 결과가 좋을 경우 매도자는 그 생산으로부터 발생하는 현금흐름의 일부를 공유할 수 있을 것이다. 멕시코 만 해안 지역에서는, 많은 소규모 기업들이 이러한 접근 방법으로 상당한 크기의 포트폴리오를 구성하였다.

대부분의 경우, 성공적인 작은 기업들은 그들의 틈새 영역에 맞는 인력, 위험 부담 정도(risk tolerance), 자본 여력 및 지질학적 전문성 등을 구축했다. 충분한 준비가 되어있지 않거나 너무 빠르게 그들의 전문적 영역 외의 분야로 확장하기 위한 자산 인수는 위험하다. 역으로 말하면, 너무 늦게 자신의 영역을 벗어난다면 그들의 성장이 제한될 수도 있다.

---

7) 역자주 : 우선적 로열티 지분은 사업 지분(working interest)에서 파생된 오일 및 가스에 대한 수익권으로서 이 지분 소유자는 사업 지분과 달리 운영비 및 투자비에 대한 부담을 지지 않고 토지 소유자처럼 오일 및 가스 판매에 대한 수익권만 갖는다.

제2장 거래의 동기

2-1 매도자의 입장
2-2 매수자의 입장

유전 투자의 이해

[제2장 거래의 동기]

2-1 매도자의 입장

기업이 자산을 매각하는 동기에는 여러 가지가 있다. 어떤 경우에는 하나의 동기로 충분하지만, 다른 경우에는, 여러 동기에 의해 매각 결정을 하게 된다. 일반적인 매각 동기는 다음과 같다.

- 지리적 위치가 더 이상 매력적이지 않다.
- 자산의 수익성이 그다지 없다(생산비가 높거나 이익률이 낮다).
- 매각 대상 자산이 더 이상 회사의 포트폴리오에 적절하지 않다.
- 사업 환경이 바뀌었다(더 강한 규제 및 토지 소유자 이슈).
- 예정된 수익이 예정된 자본적 지출에도 미치지 못한다.
- 자산의 추가 이익 가능성(upside potential)이 부족해진다(추가 시추할 곳이 없다).
- 현재 생산량에 위험이 있다(생산유정에 기술적인 문제가 있을 수 있다).
- 매장량 회수에 위험이 있다(성과 지표가 나빠졌다).

이러한 내부적 매각 동기 외에도 가장 일반적 동기는 현재의 보유가치를 상회하는 의도하지 않은 제안을 받은 경우이다. 때로는 해당 자산의 운영권자는 어떻게 그렇게 높은 가격으로 제안이 들어올 수 있는지 의아해 하며 현재의 가치를 극대화시키기 위해 해당 자산을 매각할 것이다.

그림 2-1에서는 발견 초기 시점의 수익성 좋은 포트폴리오에서 고갈시점까지 변화에 대해서 보여준다. 생산 자산의 특성은 발견에서 고갈까지 이르는 동안 상당한 변화를 겪는다.

그림 2-1 남부 루이지애나 습지에 위치한 어떤 유전의 변화

매년 생산 유전의 감쇄율은 1960년부터 2000년까지 40년 동안 약 10%였다.

	1960	1980	2000
생산량	1,000,000bpd	125,000bpd	15,000bpd
유전 수	10개	8개	5개
탐사 정도	상당한 탐사 노력	제한된 탐사	탐사 지역 매각
개발 정도	높은 투자비율	적정한 개발	리스 감소
기타 특징	• 상당한 개발 활동 • 매장량 증가	• 폐공 비용 최고점 • 높은 현금흐름	• 환경 의무 최고점 • 상당한 운영비 소요 • 미생산정이 많아짐 • 추가 개발 불가능 • 매각 시점

수십 년간 진행되는 위 유전의 변화는 생산 자산의 전형적인 모습을 보여준다. 전체 주기 초기에는 시추와 생산활동이 그 유전의 주요 관심 사항이지만 생산활동이 충분히 진행된 후인 전체 주기 중 후기에는 주요 관심 사항이 주로 비용적인 측면, 예를 들면 토지 소유자에 대한 로열티, 낮은 추가 이익 가능성 그리고 높아지는 복구비용 등으로 옮겨진다.

만약 회사가 넓은 생산지역에 대한 막대한 복구비용 및 환경부담비용을 부담하고 싶지 않다면 해당 자산이 재무적 여력이 있는 매수자를 끌어 모을 수 있을 정도의 생산량과 적절한 추가 이익 가능성(upside potential)이 있을 때 매각 전략을 고려해야 한다.

2-2 매수자의 입장

기업이 유전을 매입하는 데에는 여러 이유가 있다. 매수자들의 일반적인 공통점은 그들은 특정 자산을 인수해야 하는 전략적인 이유가 있다는 것이다. 인수 과정은 매우 치열하기 때문에 거래를 성사시키겠다는 열정 없이는 인수에 성공하기 어렵다.

흔히들 인수 담당자에게 들어온 다섯 개의 제안 중 하나는 기업의 전략에 맞는다고 한다. 기업의 전략에 맞는 제안 2개를 골라서 평가하게 되면 그 중 하나만을 인수 추진하게 되고, 5개의 거래를 인수 추진하게 되면 그 중 하나만이 거래에 성공하게 된다. 즉, 50개의 제안이 들어오면 그 중 하나의 제안만이 인수에 성공하는 것이다. 이러한 통계는 다음의 사실을 깨닫게 해준다.

- 기업이 인수 과정을 추진하기 위해서는 많은 비용이 든다.
- 만약 매수자가 인수 경험이 부족하다면 더 많은 비용 든다.
- 높은 가격을 지급한 인수는 회복이 어렵다.

기업이 인수 추진을 결정하는 일반적 이유는 다음과 같다.

- 지질학적으로 수익성이 확인된 지역에 진입하여 즉시 생산을 시작하려는 목표가 있다.
- 생산량을 증대시켜서 가치를 창출해내는 것을 매도자보다 더 잘 할 자신이 있다.
- 첨단 기술 전문가를 이용할 수 있다.
- 보유한 다른 지역의 매장량 감소에 대처하여 일정 규모 이상의 매장량 유지가 가능하다.
- 증가한 매장량에도 고정비를 배분하여 단위 매장량당 고정비가 감소하게 되어 재무적 지표가 개선될 수 있다.
- 수익성이 없는 장기 탐사 프로그램을 진행해 왔다.
- 매장량 증가를 통해서 월 스트리트 애널리스트의 "오늘의 추천 주"가 되기를 원한다.

위의 경우들이 인수 과정에 참여하는 기업들의 전형적 동기이다. 반면, 매입 가격을 높이고 입찰가를 정상 범위 내에서 벗어나게 하는 일반적이지 않은 동기들은 다음과 같다.

- 매장량 인수가 주식 상장을 원하는 기업이 짧은 기간에 일정 자산 규모에 도달할 수 있는 유일한 수단이다.
- 매수 인근지역에 기 운영자산이 있을 경우 자연적인 시너지로 인하여 상당한 운영비 절감을 얻을 수 있다.
- 유가를 경쟁의 범위를 넘어서 상당히 높게 예상한다.

이러한 동기를 바탕으로 진행되는 거래는 인수에 성공하기가 굉장히 힘들며, 인수에 실패한 이들로 하여금 경쟁자에 대해 더 많이 알았어야 한다는 후회를 하게 만든다. 이와 같이 공격적 매수자들이 지불하는 최근 가격들을 조사하는 것은 그만한 가치가 있다. 그러한 정보는 기업이 성공 가능성이 더 높은 인수로 내부 자원을 이동할 수 있게 해 준다. 인수과정 초기에 다른 경쟁자가 누구인지, 그들의 인수 동기는 무엇인지 그리고 그들이 얼마나 공격적인지를 파악하는 것이 매우 중요하다.

인수를 추진하는 것은 가벼이 다루어져서는 안될 문제다. 많은 인수 시도를 위해서는 구체적인 기술력, 명확한 전략 그리고 불굴의 열정과 충분한 자원이 필요하다. 인수경험이 많지 않은 기업의 경우 특히 성공적인 인수 프로그램이 없다면 '도박사의 파산' 을 피하는 것이 인수회사전략의 가장 중요한 부분이다.

제3장 거래를 하지 않는 이유

3-1 매도자의 입장
3-2 매수자의 입장

유전 투자의 이해

[제3장 거래를 하지 않는 이유]

3-1 매도자의 입장

일반적으로 기업들은 인수를 위하여 자신이 운영하는 자산의 인근 지역에 위치한 다른 회사 소유 자산을 우선적으로 검토한다. 이러한 작업은 일반적으로 공개된 자료를 이용하여 기업 내부적으로 진행된다. 분석 결과 기업이 해당 유전을 매입하기로 결정할 경우, 매도 의사는 없었던 자산의 소유자에게 매수자가 먼저 거래를 제안하면 소유자는 제안에 대해 평가한 후 그 제안을 거부할 것인지, 제안에 응할 것인 지 혹은 매수자와 협상을 통해 매각할 것인 지를 결정하게 된다. 자산의 소유자가 매각을 원하지 않는 이유는 여러 가지가 있다.

설사 그것이 합리적인 가격이라 할지라도, 소유자가 자산을 매각하지 않는 일반적인 이유 중 하나는 매각 후에 새롭게 매장량을 찾아서 생산량을 복구시키기가 몹시 어렵기 때문이다. 즉, 매장량 확보를 위한 인수와 탐사는 그 결과가 불확실하다. 만약 자산의 소유자가 현금이 급하지 않고 자산 자체가 회사 포트폴리오에 전략적으로 일치한다면, 소유자가 매각에 응하게 하기 위해서는 그 제안이 일반적인 경우보다 훨씬 더 좋아야 할 것이다. 매장량 대체는 간과할 수 없는 큰 이슈다.

생산 자산을 매각함에 있어서 또 고려해야 할 요인은 자산의 매각으로 인해서 기존 포트폴리오에 주는 영향이다. 만일 매각 요청을 받은 자산이 다른 생산 자산과 연계해서 운영이 되는 자산이라면, 운영 시너지의 상실로 다른 생산 자산의 생산비가 상승하게 될 수 있다. 그 결과 잔여 생산 자산의 순수익이 회사가 감당하지 못할 만큼 낮아지게 만들 수도 있다.

특히 추가 이익 가능성이 있는 대규모 유전의 경우 경영진이 매각의사결정을 쉽게 할 수 없다. 왜냐하면 매각을 위해서는 추가 이익 가능성에 대한 면밀한 분석이 이루어져야 하는데 일반적으로 대부분의 회사들의 구성원들은 현재 진행 중인 프로젝트가 있어서 새로운 지역을 검토할 충분한 인력을 갖추고 있지 않다. 만약 경영진이 해당 자산에 대해 상세하게 검토해보라고 하면 다른 문제들이 발생할 뿐만 아니라 그 직원이 전력을 다해 그 자산에 대해 검토하지 못하게 되어 부정확한 분석을 하게 만든다.

그림 3-1 유가 상승에 따른 자산 가치의 상승

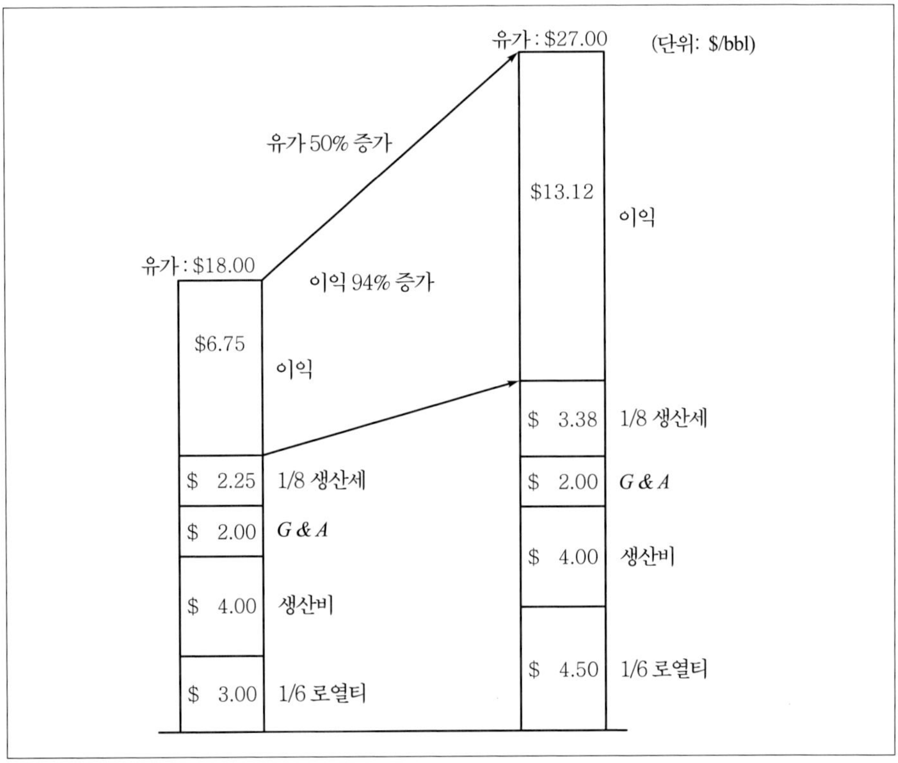

의사결정의 어려움을 가중시키는 다른 요인은 오밀 및 가스 가격 상승이다. 그림 3-1에서 보는 바와 같이 작은 가격 증가에도 불균등하게 이익이 크게 증가한다. 그래서 매도자는 자산 매각 가격에 프리미엄이 없다면 일반적으로 이러한 옵션을 쉽사리 포기하지 않는다. 이 그림은 배럴당 가격이 50% 상승할 경우 이익은 배럴당 94%가 상승하는 것을 보여준다. 이는 어떤 매수자라도 환영하는 엄청난 크기의 이익이다.

생산 자산 매각을 저해하는 다른 이유는 매각차익이 발생하게 되는 경우 그에 대한 연방세금이다.

일반적으로 매각 가격은 자산의 세무상 장부가액을 초과한다. 이러한 자본 이득이 생길 경우 매도자는 납부해야 할 세금이 발생한다. 그러므로 매도자는 현금 기준으로 계산하여 자산의 가격뿐만 아니라 거래 비용을 포함하는 매각 가격을 요구한다. 만약 매도자가 매수자에게 매장량 가치의 프리미엄에 추가로 세금까지 내라고 한다면, 양 측 당사자가 상호 받아드릴 수 있는 수준의 가격을 협상하는 것이 쉽지 않고 나아가 매매는 이루어지지 않을 것이다.

3-2 매수자의 입장

최초 계약 이후 매수자가 인수를 포기하는 많은 요인들이 존재한다. 많은 매수자들은 좋은 평판을 유지하고 매장량을 인수하기 위하여 이러한 상황을 피하려 한다. 그러나 단지 공개된 정보만 가지는 잠재적 매수자는 자산에 대하여 절대로 모든 정보를 파악하기는 어렵다. 매수자가 계약 후 자산 인수를 포기하는 것은 다음 중 하나에 기인한다.

3-2-1 매도자에 의한 면책 조항

매수자에게 다양한 면책 조항(indemnities)[8]을 부여하는 매도자의 지위에 따라 그 면책 조항에 대한 견해 차이가 커서 거래가 완료되지 않을 수도 있다. 만약 메이

8) 역자주 : 계약 이후 거래 완료 전 거래대금 또는 패널티를 지급하지 아니하고 거래완료를 포기할 수 있는 조항

저들이 소규모 회사에 유전을 팔 경우 처음에는 매도자가 매수자에게 어떤 면책 조항도 부여하지 않는 것이 일반적이다. 매수자는 거래계약서(PSA, Purchase and Sales Agreement)에 반드시 면책 조항을 얻을 수 있도록 협상해야 한다. 만약 그 제안이 매도자가 예상하는 손실을 상계할 수 있는 충분한 제안이라면, 매도자는 그 거래를 완료하기 위한 전제 조건을 완화할 것이다.

3-2-2 비 공개된 부채의 발견

자산 실사 중 환경부채, 오염된 유전 또는 해상 플랫폼의 상태가 매우 좋지 않은 것 등이 발견되어 매수자가 그러한 상황에 대한 책임을 원하지 않는 경우가 있다. 만약 매도자가 매매 가격에 이러한 상황을 반영해주지 않는다면, 매수자는 자산의 인수를 중단할 것이다.

3-2-3 자금 조달 문제

대부분의 협상은 매수자가 거래 완료를 위해서 자금을 조달해야 한다는 전제를 가지고 시작된다. 대출 기관이 이러한 검토 절차를 진행함에 따라 매수자는 대출 기관을 설득하기 위해서 많은 고비를 넘어야 한다. 매장량 보고서가 반드시 필요하며 현금흐름분석을 통해서 대출 조건에 따른 자금 상환 가능성을 분석한다. 운영권자의 신뢰성, 매수자의 재무 상태, 유가 예상 등과 같은 요인 또한 대출 기관의 기준을 충족시켜야 한다. 어떤 유전은 가치창출을 위해서 그 자산 자체에서 제공되는 현금흐름보다 더 많은 추가투자가 필요한 경우도 있으며, 이럴 경우 매수자는 자산 매입을 위한 자금조달뿐 아니라 자산매입 후 매입가치실현을 위해 추가로 외부 자금을 조달해야 하는 부담을 가질 수 있다.

3-2-4 정보의 부족

유전 소유자들은 특정 목표를 달성하기 위해 포트폴리오에 악영향을 미치는 정보들을 공개하지 않는다. 예를 들어 더 깊은 지층에 대한 시추권, 탐사 기회 또는 우선적 로열티 지분은 원활한 개발 진행을 위해 리스 소유자로부터 분리되어 있다. 이는 수익 지분(revenue interest) 가치 그리고 자산의 매력도를 하락시킨다. 이러한 특징을 가진 거래들은 일반에 거의 공개되지 않으며 회사가 자산 실사를 하는 동안에 이러한 정보를 알려줘야지만 매수자가 알 수 있다.

자산의 생산 능력은 생각보다 더 나쁠 수 있는데, 이는 생산량 보고서의 시간 차이, 저류층 압력의 부족 또는 이용 가능한 생산 자료의 부족 등의 정보가 충분히 제공되지 않기 때문이다. 어떤 경우에는 핵심 광구에 해결할 수 없는 기술적인 문제를 가지고 있을 수도 있다. 매수자는 새로운 정보를 반영하여 제안가격을 낮추거나 거래 중단을 할 수도 있다.

3-2-5 매도자의 요청에 의한 연기

경우에 따라 매도자는 전략적인 이유로 자산을 매각하려 할 수도 있으나, 전략적인 이유로 매장량을 매각하는 것은 월 스트리트 애널리스트의 비판을 받을 수도 있어 자산을 매각하는 것이 합리적이지 못할 수도 있다. 매도자는 매수자에게 회계기간이 끝날 때까지 또는 회사가 매장량 감소를 상쇄를 할 수 있는 매장량 대체 시점까지 거래 연기를 요청할 수도 있다.

거래의 연기는 일반적으로 매수자에게 매력적이지 않다. 자원은 현재로는 사용가능할 수 있으나 나중에는 사용 불가능할 수 있기 때문이다. 또한 시간이 돈이라는 말처럼 매수자는 나중보다는 지금 계획된 광구 작업을 시작하기 원하고 운영상의 발전이 있길 원한다.

제4장 매도자의 평가 방법

4-1 재무적 의사 결정
4-2 보유 가치
4-3 세금 효과
4-4 장부상 이익 감소
4-5 재무 효과

유전 투자의 이해

[제4장 매도자의 평가 방법]

4-1 재무적 의사 결정

모든 생산 광구는 향후 어느 시점에서는 매각의 대상이 된다. 생산 자산의 매각 동기 및 매각 시점에 대해서는 「제2장 거래의 동기」에서 언급한 바가 있다. 이러한 전략적 동기와 더불어, 다음과 같은 회사의 재무적 상황으로 인해 거래가 진행될 수도 있다.

• 신규 투자 또는 부채 상환 등의 이유로 자금이 필요한 경우 생산 광구의 매각이 필요할 수 있다. 이러한 경우에는 회사의 포트폴리오에 가장 적절치 않는 광구를 선정, 매각함으로써 필요한 자금을 확보하고자 할 것이다. 하지만, 필요 자금이 이러한 광구의 매각으로 충분하지 못하는 경우에는 양질의 생산 광구도 매각할 수 밖에 없는 상황이 발생되기도 한다. 대부분의 경우 이러한 양질의 생산 광구는 고가에 매각할 수 있기 때문이다.

• 제3자가 현재 소유자보다 광구의 가치를 더 높게 평가하는 경우가 흔히 있다. 예를 들어, 어떤 소규모 회사 A가 거대한 유전의 극히 일부 지역을 운영하고 있는데, 다른 대규모 회사 B가 소규모 회사 A보다 훨씬 적은 비용으로 그 유전의 나머지 대부분을 운영하고 있는 경우라면, B사는 A사가 지속적으로 단독 운영하여 실현할 수 있는 가치 이상을 지불할 용의가 있기 때문에 A사는 매각을 추진할 수 있을 것이다.

- 어떤 회사들은 불확실성과 예산 미확보로 인해 광구 복구비용이나 환경오염 처리비용 지출을 원하지 않는다. 생산 종료 시점에 있는 광구는 복구비용 등으로 인하여, 비록 현재의 현금 흐름이 발생하고 있다 하더라도 그 가치는 매장량이 고갈되기 전에 영(0)이 된다. 만약 광구 소유자가 광구 폐쇄와 관련된 작업을 원하지 않는다면 반드시 그 광구를 매각해야 할 것이다. 이러한 광구의 이상적인 매각 시기는 현재의 매장량 가치가 향후 광구 폐쇄와 관련된 비용을 상쇄하고도 충분한 이익을 제공할 수 있을 때이다.

표 4-1은 미래 특정 시점에서의 광구 가치를 나타낸 것으로서, 어느 시점에 광구를 매각해야 하는지를 보여주고 있다. 현재 연도부터 광구 폐쇄 연도까지의 매년 현금 흐름은 두 번째 열에 표시되어 있다. 이를 당해 연도에서 광구 폐쇄 년도까지의 현금 흐름을 특정 할인율로 할인한 순현재가치는 맨 아래쪽 행에 나타내었다. 이렇게 계산된 연도별 순현재가치를 볼 때, 대상 광구는 2008년 이전에 매각되어야 함을 알 수 있다.

표 4-1 미래 현금흐름의 현재가치 결정

(단위 : 천 달러)

	미할인 현금흐름	매년 현금흐름의 현재가치							할인율
		2005	2006	2007	2008	2009	2010	2011	@10.5%
2005	1650	1571							0.952
2006	1250	1076	1190						0.861
2007	1550	1211	1335	1476					0.781
2008	1100	776	859	947	1047				0.705
2009	650	415	458	508	560	619			0.638
2010	250	145	160	176	195	215	238		0.578
2011	-1400	-732	-809	-893	-987	-1093	-1205	-1333	0.523
미래 시점의 현재 가치		4460	3192	2213	815	-259	-967	-1333	

이러한 데이터는 그림 4-1에서 보는 바와 같이 그래프로도 표시할 수 있다. 이 그림에서는 광구 복구 비용으로 인하여 대상 광구의 가치가 어느 시점부터 마이너스가 되는지를 한 눈에 알아 볼 수 있다.

그림 4-1 적절한 자산 매각 시점 결정

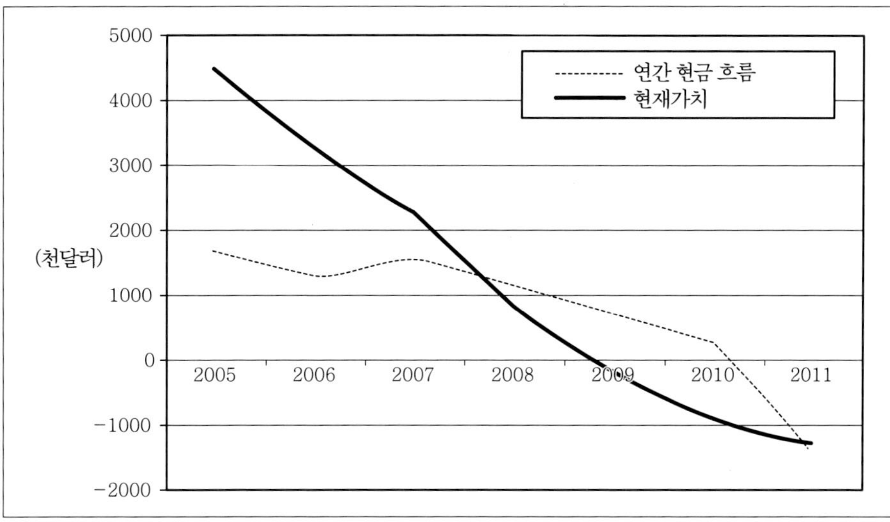

그림 4-2는 그림 4-1에서 언급된 내용을 보다 일반화하여 도식화한 것이다. 그림 4-2에서는 시간 경과에 따른 현금 흐름 감소 및 시장 가치 감소 경향을 보여준다. 광구의 가치가 여전히 1년간 예상 현금 흐름보다 더 클 경우, 그 광구는 매각 추진을 시작해도 아직 늦지 않은 적절한 매각 대상이다. 왜냐하면, 매도자, 즉 현재 광구 소유자는 이미 그 광구로부터 많은 이익을 실현하였으며, 실력 있는 매수자의

그림 4-2 시장 가치 변화에 따른 매각 시점의 결정

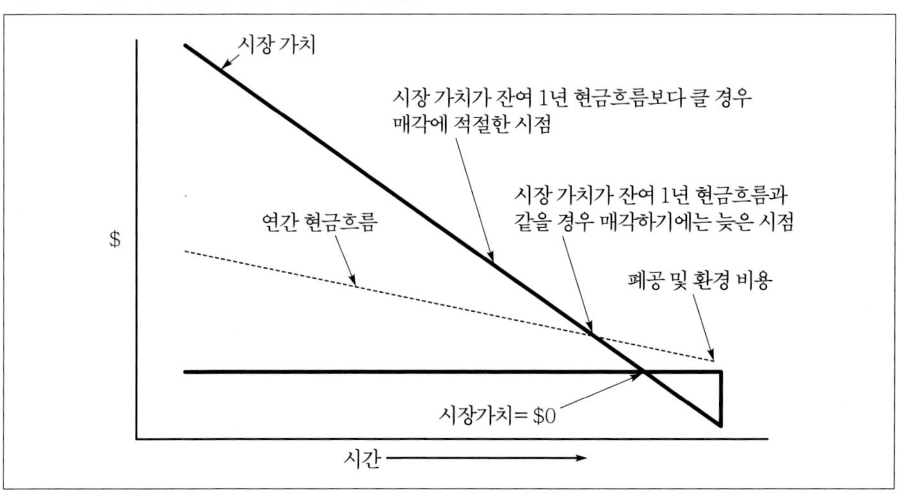

경우 광구의 잠재력에 대해 긍정적인 평가를 하고 인수에 관심을 보일 수 있기 때문이다. 하지만 광구의 가치가 1년간 예상 현금 흐름을 밑도는 수준으로 내려간 경우에는 잠재 매수자 수가 감소하는 경향이 있다. 만약 광구 소유자의 마케팅 활동이 늦어져서 광구의 가치가 영보다 작은 값으로 내려간 경우, 즉, 생산 말기의 비용이 매장량 가치를 초과하는 경우에는 매각이 실질적으로 불가능하게 된다.

4-2 보유 가치

특정 광구가 매각 후보로 선정되는 경우에 우선적으로 수행해야 하는 것은 보유가치를 계산해 보는 것이다. 보유가치는 「대상 광구가 자신의 포트폴리오에 그대로 남아 운영될 경우의 자산 가치」로 정의될 수 있다. 여기서 "자신의 포트폴리오에 그대로 남아 운영될 경우"라고 표현된 부분에 주목할 필요가 있다. 각 회사들이 동일한 광구의 공동 소유자라 하더라도 각각의 내부 사정으로 인해 그 회사별로 광구 가치가 달리 평가된다.

만약 회사가 적극적인 탐사를 장려하는 내부 정책을 운용하고 있다면, 광구 가치 평가 시 아직 시추되지 않은 기회들이 충분히 반영될 것이다. 하지만, 그 회사가 이러한 기회에 대해 인식하고 있지만 어떤 이유에서건 그 기회에 대해 투자를 원치 않는다면 추가 개발 가능 자산을 제외한 현재 자산만 보유 가치로 봐야 할 것이다.

이러한 보유 가치는 마케팅을 시작하기 전에 평가되어야 하는데, 그 이유는 다음과 같다.

- 매장량 및 관련 위험이 우선적으로 정의되어야 한다.
- 기본 계획(base case)을 기준으로 자본적 지출(CAPEX)을 산정해야 한다.
- 관련 팀원에서부터 경영진에 이르기까지 광구 가치에 대한 합의가 있어야 한다.
- 어느 정도의 프리미엄을 포함하여 광구를 매각할 것인지에 대한 합의가 있어야 한다.
- 매각에 따른 예상 세금과 손익 영향에 대해서 검토해야 한다.
- 가능한 매각 과정 초기에 광구 매각 필요성에 대해 논의되어야 한다.

4-3 세금 효과

매도자는 보유 가치와 예상 매각 가격을 통해 세금 효과를 검토해 볼 수 있다. 이러한 계산법에는 다음과 같은 몇 가지 요소들을 고려해야 한다.

- 보유 가치 : 자산의 세후 현금흐름의 현재가치
- 세금 : 과세 이득에 대해 정부에 지급하는 세액(여기서 과세 이득은 예상 매각 가격과 자산의 세무상 장부가액의 차액을 의미한다)
- 순수익 : 예상 매각 가격에서 매각과 관련 세금을 차감하여 계산되는 금액

이해를 돕기 위해 세금 계산에 관한 두 가지 예를 그림 4-3A와 4-3B에 제시하였다. 이러한 방식은 매도자 입장에서 특정 가격으로 판매되는 광구가 거래세 등을 납부한 후에도 여전히 이익이 될 것인지를 판별하기 위해 사용된다. 그림 4-3에 사용된 세율은 이 책에서 여러 사례들이 거래될 당시, 즉 2002년 이전의 법인세율임을 밝힌다. 2002년 이전이 아니라, 독자들이 책을 읽고 있는 시점의 세율을 적용하여 비교해 보면 세금 효과를 보다 현실감 있게 파악할 수 있을 것이다.

그림 4-3A 세금 계산 사례 1

유전의 세후 보유 가치가 미화 100만 달러고, 세무상 장부가액이 80만 달러인데, 잠재 구매자로부터 130만 달러의 제안이 접수되었다고 하자. 이 때 광권 소유자는 이 광구를 매각하는 것이 좋을까? 유효세율은 35%이다.

세금은 예상 판매가에서 세무상 장부가액을 차감하여 세율을 곱한 것이므로
($1,300,000 – $ 800,000) × 35% = $ 175,000

순수익은 판매가에서 세금을 제한 금액이므로
($1,300,000 – $ 175,000) = $ 1,125,000

따라서, 순수익에서 보유 가치를 차감한 이익은
($1,125,000 – $ 1,000,000) = $ 125,000

따라서 매도자는 이 거래로부터 $ 125,000 의 이익을 기대할 수 있다. 물론 매도자는 매장량 평가와 관련된 불확실성이나 향후 유가 전망 등으로 인해 보유 가치 대비 12.5% 프리미엄은 그다지 크지 않다고 판단할 수도 있으며 이 경우 가격에 대한 재협상을 수행할 수도 있다.

그림 4-3B 세금 계산 사례 2

> 유전의 세후 보유 가치가 미화 100만 달러고, 세무상 장부가액이 20만 달러인데, 잠재 구매자로부터 130만 달러의 제안이 접수되었다고 하자. 이 때 광권 소유자는 이 광구를 매각하는 것이 좋을까? 유효 세율은 35%이다.
>
> 세금 비용은 예상 판매가에서 세무상 장부가액을 차감하여 세율을 곱한 것이므로
> (\$1,300,000 − \$ 200,000) × 35% = \$ 385,000
>
> 순수익은 판매가에서 세금을 제한 금액이므로
> (\$1,300,000 − \$ 385,000) = \$ 915,000
>
> 따라서, 순수익에서 보유 가치를 차감한 이익은
> (\$ 915,000− \$ 1,000,000) = − \$ 85,000
>
> 이러한 조건으로 거래할 경우 매도자는 실질적으로 \$ 85,000 의 손실을 입게 된다. 만약, 구매자는 이미 충분한 프리미엄을 인정하여 거래 금액을 제시하였는데, 매도자의 세무상 장부가액이 낮다면, 비록 양자가 거래를 원한다고 하더라도 그 거래는 성사되기 어렵다. 세금 비용이 거래가의 큰 비중을 차지한다면, 그리고 구매자가 그 비용까지 부담해야 한다면 구매자가 선뜻 그 거래를 수용하기 어렵기 때문이다.

앞의 사례들이 의미하는 바는 자산의 세무상 장부가액이 낮아 높은 세금 비용을 부담해야 하는 경우, 매수자가 대상 자산에 대하여 평가하는 가치가 매도자가 평가하는 가치보다 훨씬 높아야만 거래가 성립될 수 있다는 것이다. 이러한 양자간의 견해 차이는 광구 운영비용, 매장량, 생산량, 유가, 탐사 성공률 등에 대한 견해 차이로부터 발생된다. 또한 매도자가 구매자보다 대상 자산을 더 잘 이해하고 있기 때문에, 매수자로서는 전문 기술진을 충분히 활용해야만 추가적인 가치를 파악할 수 있을 것이다.

비록 세후 매각가치가 보유 가치를 밑도는 경우 거래가 성립되지 않는다는 결론을 내리기는 하였지만, 실제로는 전략적인 이유로 인하여 매각가치가 세금을 충분히 만회하지 못하는 경우에도 거래가 이루어지는 경우도 있다.

4-4 장부상 이익 감소

상장회사의 경우 매 분기별로 이루어지는 실적 발표는 주가에 큰 영향을 미치기 때문에, 상장회사 경영진들은 언제나 이러한 손실 혹은 이익 감소가 발생하지 않도록 하기 위해 노력한다. 광구를 매각하는 경우 매각 가격이 장부가치 이하인 경우가 더러 있다. 특히 생산 말기의 광구로서 광구 폐쇄로 인한 복구비용(유정, 장비, 플랫폼 등의 폐쇄)이 높다거나 환경 복구 비용(피트 복구, 지하수 오염, 유정 및 시설 주위의 환경 복구 등)이 과도한 경우에는 이러한 사례를 흔히 볼 수 있다.

특정 시점까지 이루어진 투자는 합산되어 대상자산의 장부가치에 반영된다. 장부에 반영되어 있는 누적 투자금은 지하에 매장된 석유, 가스가 생산되는 시점부터 "매장량" 대비 생산량 비율만큼 비용으로 인정되어 상각된다. 만약 매장량이 과대 혹은 과소 평가되어 있지 않다면 마지막 생산 시점에 기존의 투자비도 모두 상각되어 장부가치는 영(0)이 된다.

하지만 매장량이 과대 평가되어 있는 경우가 흔히 있다. 대부분의 경우, 매년 유전에 대한 평가가 이루어지기 때문에 기존에 평가된 매장량은 주기적으로 재평가된다. 이로 인해 매장량이 감소하여 감가상각비가 늘어나는 것을 방지하기 위해 회사는 장부상의 매장량을 늘리거나, 기술적인 어려움을 감내하고 신규 매장량을 추가해야 하는 압력을 받게 된다. 즉, 위험요소가 있는 방향성 시추를 하거나, 소규모 저류층을 대상으로 시추를 하거나, 첨단 장비를 이용하여 기존에 지나친 층에 다시 진입하거나, 일반적인 경우보다 훨씬 더 낮은 압력까지 계산하여 얻은 매장량을 반영하는 등과 같은 무언의 매장량 증가에 대한 압박을 받을 수 있다는 것이다. 만약 생산 종료 시점이 상당기간 남아 있는 상태의 광구라면 상기와 같이 추가된 매장량은 그다지 큰 비중을 차지하지 않을 것이다. 하지만, 생산 종료 시점이 점점 더 다가옴에 따라 잔존 매장량을 모두 생산하기 위해 기존 시추공을 활용하기 어려워진다거나, 시추와 관련된 위험 요인에 노출되거나, 혹은 경제적으로 타당성이 의심되는 경우가 발생하게 된다. 이 경우 모든 회사들이 장부 상에 남아있는 잔존 매장량을 적절한 시점에 손실처리(write off the reserve)하지는 않는다. 손실 처리를 한다는 것은 생산 단가(unit of production)를 증가시키고 생산된 원유환산배럴(barrel oil equivalent)당 이익을 감소시키는 결과를 초래한다. 따라서 만약 매장량이 과대 평가되어 있어서 생산량 비례법의 감가상각율이 인위적으로 낮았던 상태에서 자산이 매각된다면, 그 동안 적게 감가상각 된 장부가액이 일시에 장부에서 제거되어 처분손익에 반영된다.

2002년 사반스-옥슬리 법(Sarbanes-Oxley Act of 2002)[9]이 통과함에 따라, 경제성이 없거나 아예 존재하지 않는 매장량이 여전히 장부 상에 남아 있는 관행은 많이 사라질 것으로 예상된다. 이 법은 상장되어 있는 회사들이 여전히 잘못된 매장량을 장부 상에 존재하게 함으로써 투자자들을 현혹시키는 관행에 대하여 벌과금을 부과함으로써 이를 시정하는 효과를 보일 것으로 예측된다. 이와 더불어 한층 개선된 회계 감사 및 경영 감사는 확인 매장량(proved reserves)이 증권거래위원회(SEC: Securities Exchange Committee) 규정에 부합되는지를 파악하는데 도움을 주고 있다.

만약 광구 폐쇄 비용이 없으며, 장부 상에 기재된 매장량이 실제로 궁극 가채량(ultimate recovery)과 같다면 광구 매각에 따른 손실은 거의 발생하지 않을 것이다. 그러나 광구 마지막 시점에는 광구 폐쇄 비용이 반드시 발생하므로 앞의 경우를 가정하는 것은 일반적이지 않다. 향후 현금 유입에 대한 현재가치와 미래의 광구 폐쇄 비용이 동일한 시점이 광구의 가치가 영이 되는 시점이다. 특정 광구 매각 시점에 장부 상에서 소멸시켜야 하는 잔존 장부가액(누적 투자비에서 현재까지 생산량에 대한 비율로 상각한 부분을 차감한 금액)은 상당한 금액이 될 수도 있다. 그림 4-4는 자산 매각 시점 및 그 시점의 잔존 매장량에 따른 광권 매각 손익의 영향(earnings effect)이 어떻게 변동될 수 있는지를 보여주고 있다.

9) 역자주 : 2000년대 초 엔론 등 대형 부정회계 사건이 잇달아 발생하자 기업 회계와 재무보고의 투명성을 높이기 위해 미국에서 2002년 제정한 법이다. 이 법에 의해 회계문제가 발생할 때, 미국 증권거래위원회(SEC)가 회계장부의 정확성을 보증한 기업경영진을 처벌 할 수 있으며 해당기업의 회계 · 감사를 담당한 외국계 회계법인에 대해서도 제재가 가능하다. 정식 명칭은 '상장기업 회계개혁 및 투자자보호법' 이다(출처 : 매일경제).

그림 4-4 다양한 판매 시점에 따른 이익 효과

기본 가정

- 비교를 위해 3개의 시점에서 거래가 이루어진 것으로 가정함
- 계산의 단순화를 위하여 세전 기준으로 계산함

구분	가정
매장량 가치	$ 6 / BOE
생산량 비례법에 따른 감가상각비	$ 3 / BOE
광구 폐쇄 비용	$ 3,000,000

시점에 따른 매각 차익 검토

	시점 1	시점 2	시점 3
매장량 (백만 배럴)	2	1	0
매장량 가치 @$6/BOE (백만 달러)	12	6	0
폐쇄 비용 (백만 달러)	3	3	3
시장 가치 (백만 달러)	9	3	–3
장부 가치 (백만 달러)	6	3	0
매각 차익	3	0	–3

여기서 알 수 있듯이 대상 유전은 매장량이 100만 배럴 수준으로 감소하기 이전에 매각되어야 손해를 입지 않을 수 있다.

4-5 재무 효과

앞서 언급한 내용들은 세금 및 이익 계산에 관한 세세한 부분을 모두 다루고 있는 것은 아니다. 각 개인 또는 각 회사마다 구체적으로 처한 재무 현황이 다르므로 자신에게 적합한 세금 정보, 특별 세금, 이익 기준 등은 전문 컨설팅을 받아볼 것을 제안한다. 그럼에도 불구하고 앞의 내용들은 언제 유전이 매각 후보로 선택되는지를 보여주고 있으며 이러한 선택을 위해 다음의 두 가지 사항을 고려해보길 권한다.

- 광구 매각대금으로 매각 차익에 대한 세금을 충분히 납부할 수 있는지, 만약 그

렇지 않다면 세금은 얼마나 될 것인지

• 광구 매각으로 인해 손익에 부정적 영향을 미칠 것인지, 만약 그러하다면 그 규모는 어느 정도일지

위의 두 가지에 대한 간략한 평가는 유전 가치 평가 또는 마케팅 실시 이전에 반드시 수행되어야 한다. 만약 세금 혹은 장부상 수익에 대한 부정적인 영향이 예상되는 상황에서 회사 경영진이 이러한 부정적인 영향을 감내할 의사가 없다면, 광구 매각을 위한 초기 마케팅 실시 이전에 유전 보유를 결정함으로써 불필요한 시간과 비용을 절감할 수 있을 것이다.

위에서 언급한 부정적인 영향이 예상되나 회사의 경영진이 부정적인 영향 없이 유전 매각을 원한다면, 한 가지 대안은 부정적인 영향이 예상되는 광구와 더불어 이를 상쇄할 수 있는 다른 광구를 패키지로 매각하는 방법이다. 이 경우 전체적인 매각 결과는 부정적이 아니라 중립적인 것으로 평가될 것이기 때문이다. 하지만 다른 상황에서는 매각하지 않을 광구를 불가피하게 매각해야 하는 상황에 처하게 된다는 점에서 회사로서는 어려운 결정을 내려야 하는 경우가 종종 발생하기도 한다.

제5장 매각 전략

5-1 경매에 의한 매각
5-2 유전 중개인에 의한 매각
5-3 내부 인력을 통한 매각
5-4 공동 소유자에게 매각

유전 투자의 이해

[제5장 매각 전략]

모든 자산은 특징을 가지고 있다. 자산의 특징과 매도자의 매각 목적 및 보유 자원에 적합한 매각 전략이 최적의 매각 전략이다. 다양한 전략들은 각각 장점과 단점이 있어서 매각이 이루어진 후에도 그 전략이 가장 좋은 것이었는지 알 수 없다. 그러므로 가장 적합한 매수자를 찾고 높은 가격을 받기 위해서 이용 가능한 모든 정보를 이용하는 의사 결정 과정이 필요하다.

모든 매각 전략의 기초는 해당 자산의 가치를 공정하고 정확하게 표현한 자료(data package)를 만드는 것이다. 자료는 매수자가 가치를 신속하게 판단하고 추가 이익 가능성(upside potential)을 검증하고 기타 다른 특징을 이해할 수 있도록 논리적 형식으로 매도자에 의하여 작성되어야 한다. 만약 이러한 작업이 효과적으로 완성된다면, 이는 시장 가격을 지불할 의사가 있는 다양한 매수자를 불러 모을 것이다.

5-1 경매에 의한 매각

가치가 낮은 자산은 다음과 같은 이유들로 인하여 주로 경매를 통하여 매각된다.

- 매도자들은 일반적으로 가치가 낮은 자산보다는 높은 이익을 실현하는 자산에 우선적으로 자원을 투입하려 한다.
- 통계적으로 경쟁이 치열한 경매는 매도자가 기대한 가격보다 더 높은 가격을 받

을 가능성이 높다.

- 만약 매도자가 여러 개의 자산을 묶어서 경매를 한다면 각 자산의 가치의 합보다 실제 매각 가치의 합이 더 클 가능성이 높다.
- 생산 자산을 경매하는 회사들은 매우 숙련되어 있고 체계적이고 효과적인 조직을 보유하고 있다.
- 대규모 자산을 중개하고 중개 수수료를 받는 유전 중개자들은 중개 수수료가 적은 소규모 자산은 중개하지 않는다. 소규모 자산의 매각도 대규모 자산의 매각과 같은 만큼의 노력이 필요하다. 경매의 경우 그 규모가 소규모 자산일지라도 지급되는 수수료는 일반적인 소규모 중개자의 수수료보다 높다.

2000년 이전에는 10만 달러 이상의 자산들은 일반적으로 경매에서 자주 거래되지 않았다. 매도자들은 경매에서 희망 가격보다 낮은 가격에 팔리길 원하지 않았다. 그러나 지금은 심지어 100만 달러를 초과하는 자산도 경매에서 거래되며, 이는 높은 가격의 자산도 경매가 가능해졌다는 것을 의미한다. 입찰자의 수가 많다면 낙찰 가격이 보유 가치보다 낮을 가능성은 거의 없다.

제5장의 자료를 제공한 오일 및 가스 자산 경매회사(The Oil and Gas Asset Clearinghouse)에서 미국 유전의 90%가 거래된다. 그림 5-1은 생산 자산의 경매가 확실히 일반화되었음을 보여준다.

경매가 처음 시작된 1993년부터 거래금액은 증가하기 시작하여 역사적으로 경매가 가장 활발하였던 2000년에는 처음으로 2억 달러를 돌파하였다. 2001년과 2002년의 경매 거래규모의 하락 이유로 가장 많이 거론되는 것은 다음과 같다.

- 2000년의 유가 상승으로 인하여 자산이 예상보다 가치가 상승하여 저평가되었던 자산들도 충분히 보유할 만한 가치가 있었다.
- 기대치보다 많은 현금을 창출하고 있어서 매도자들이 현금 필요성이 감소하였다.
- 자산의 매각은 기대했던 것보다 많이 회사의 세금을 증가시켰다.

그림 5-1 경매 거래액의 증가

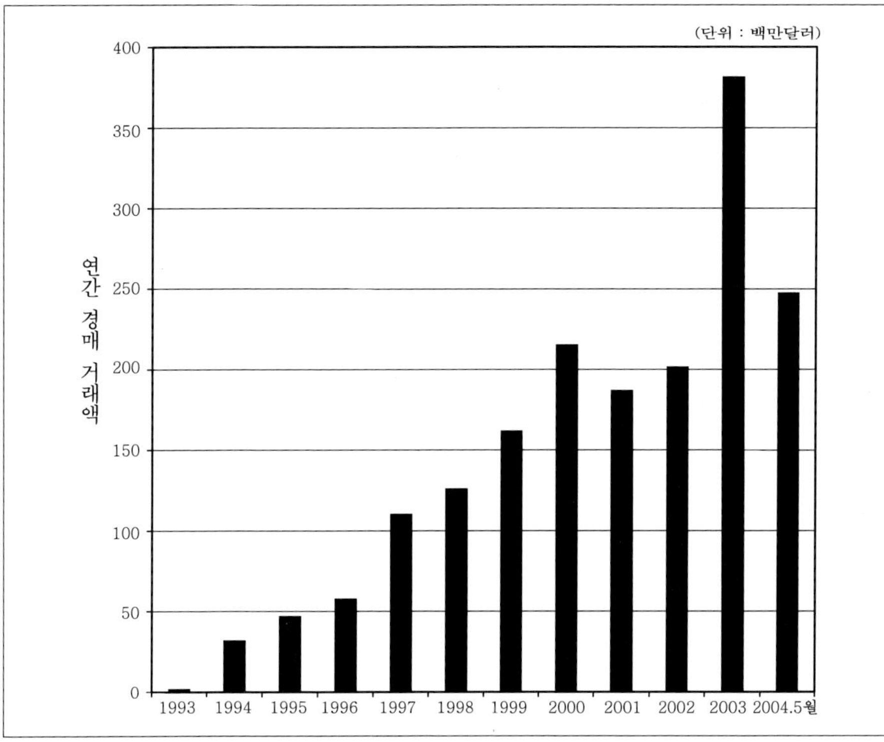

2001년 및 2002년에 유가 하락으로 경매에 나오지 않았던 자산들이 2003년의 유가 상승으로 한번에 쏟아져 나오면서 2003년에는 경매 거래금액이 4억 달러로 치솟았다.

여기서 인상적인 점은 그림 5-2에서 보듯이 거래 건당 평균 거래금액이다. 평균 거래금액은 1993년 2백만 달러에서 2003년 5천만 달러로 상승하였다. 때로는 자산 또는 광구들은 매각을 위해 하나의 거래로 묶여졌다. 이러한 패키지 거래의 가장 일반적인 이유는 운영의 시너지 및 지리학적 근접성 때문이다. 그림 5-3에서 보는 바와 같이 25만 달러 이상 되는 패키지의 수는 1993년 1개에서 2003년 450개까지 증가하였다. 그림 5-4에서 보는 바와 같이 패키지 당 평균 거래금액은 1993년 8천 달러에서 2003년 18만 달러까지 증가하였다.

그림 5-2 경매 거래 건당 평균 거래금액의 성장

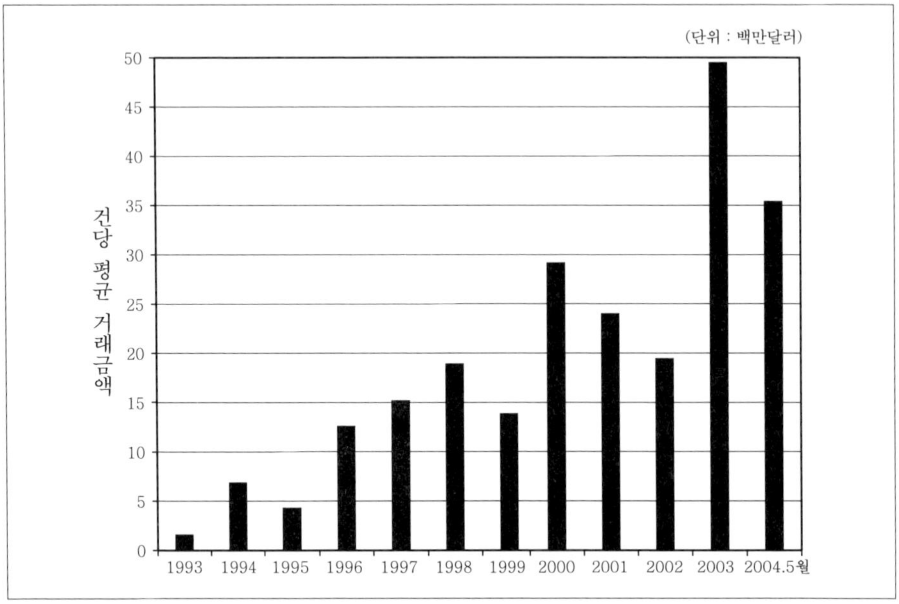

그림 5-3 25만 달러 이상 되는 경매 건수의 성장

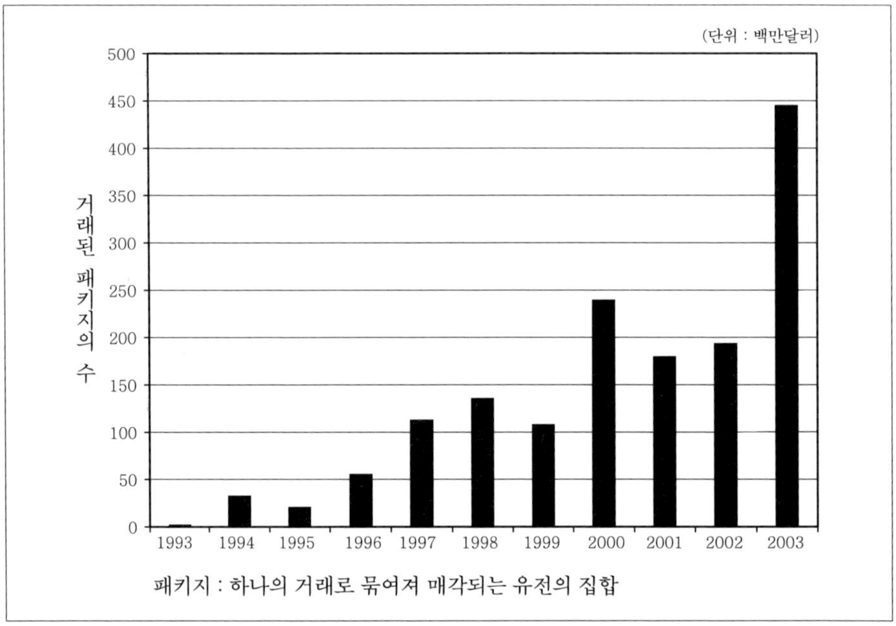

그림 5-4 경매에서 패키지 당 평균 거래 금액의 상승

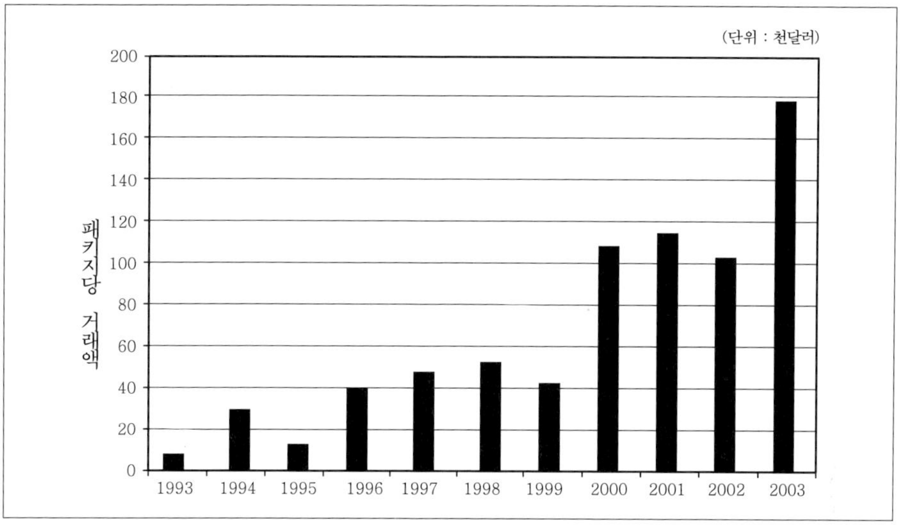

이와 같이 매도자와 매수자들은 경매를 통해서 거래하고 있으며 경매를 통한 거래는 점점 증가하고 있다.

매도자가 자신의 자산에 맞는 시장 배수를 추정해 보고자 하는 경우 큰 규모의 매매가 있은 후의 최근 몇 년간의 통계를 사용할 때에는 주의가 필요하다. 큰 규모의 매각 가격, 배럴당 단가 그리고 일 생산량당 단가는 소규모 거래의 통계를 왜곡시키게 되어 소규모 거래의 시장 배수들은 알기가 어려워진다.

최소 경매 가격(minimum bid)을 지정하는 것은 매도자가 감내할 수 있는 최저 가격 이하로 자산이 매각되지 않도록 해주는 보험 역할을 한다. 매도자가 이러한 최소 경매 가격을 경매인에게 알려주면 경매인은 그 가격보다 약간 높은 가격으로 경매를 시작할 것이다. 만약 어떤 매수인도 경매에 참가하지 않는다면 경매인은 그 최소 경매 가격까지만 입찰 가격을 내릴 것이다. 최소 경매 가격이 지정된 자산은 일반적으로 잘 팔리지 않는다.

이러한 방식으로 매각되는 자산들의 거래 계약서는 입찰되기 전에 매도자에 의해 작성된다. 왜냐하면 다른 종류의 거래 방식에서 이루어지는 지루한 협상 과정 없이 입찰자들은 서면으로 이미 작성된 거래 계약서를 수용해야 한다. 이러한 이유

로 모든 입찰자들은 입찰에 참여하기 전에 거래 계약서를 검토하고 그 계약 조건을 입찰 가격에 반영시키게 된다.

메이저가 운영하는 자산과 독립계 석유회사가 운영하는 자산간에는 시장 배수 차이가 난다. 입찰자들은 메이저가 운영하는 자산에 대해 다음과 같은 이유로 배럴 당 더 많은 가격을 지불한다.

- 메이저들은 소규모 회사들에 비해서 해당 자산을 덜 개발했을 것이라는 인식이 있다. 이는 일반적으로 메이저들은 시추 및 운영에 대해 최소 수익성의 기준이 더 높을 것이라는 인식에 기인한다. 독립계 석유회사에 의해 운영되는 자산은 흔히들 가능한 모든 지역을 개발하여 매각시점에 추가 이익 가능성(upside potential)이 거의 없을 것이라고 여겨진다.
- 메이저들은 정부의 감시, 환경 부처의 조사, 내부 통제, 외주 인력이 아닌 내부 인력 보유 등으로 인해 독립계 석유회사 보다 자산이 더 잘 관리되었을 것이라는 인식이 있다.

위와 같은 결과로 인해 때로는 같은 자산에 대해 메이저들이 독립계 석유회사보다 경매 과정에서 더 높은 가격으로 매각할 수 있다.

그림 5-5에서는 2000년 5월부터 2004년 2월까지의 사업 지분(working interest)[9]과 로열티 지분(royalty interest)[10]에 대한 일 생산량 당 시장 배수를 보여준다. 로열티 지분은 사업 지분(working interest)에 비해서 일 생산량 당 가격이 거의 두 배 이상 될 만큼 상당한 프리미엄을 가지고 있다. 동 기간 동안 사업 지분(working interest)의 일 생산량 BOE 당 가격은 10,000 달러/BOEPD에서 30,000/BOEPD 달러로 증가하는 동안 로열티 지분 자산은 25,000 달러/BOEPD에서 75,000 달러/BOEPD로 증가하였다.

---

10) 역자주 : 사업 지분(working interest)이란 leasehold interest 또는 operating interest 라고도 한다. 사업 지분은 오일 및 가스 리스 계약에 의해 파생되는 광물 수익권(mineral interest) 이다. 유전 운영을 위한 탐사, 시추, 유정 완결, 생산 등에 대한 비용을 부담하며 오일 및 가스 판매에 대한 모든 수익에서 로열티를 차감한 수익을 가질 수 있다. 오일 및 가스 채굴을 위해 필요한 지상의 일부를 사용할 수 있는 권리가 포함되어 있다.

11) 역자주 : 로열티 지분(royalty interest)이란 토지 소유자가 오일 및 가스가 생산되었을 때 생산 원가 투입 없이 생산량 또는 매출의 일부를 보유할 수 있는 권리이다.

그림 5-5 사업 지분과 로열티 지분 간의 BOEPD당 가격 비교

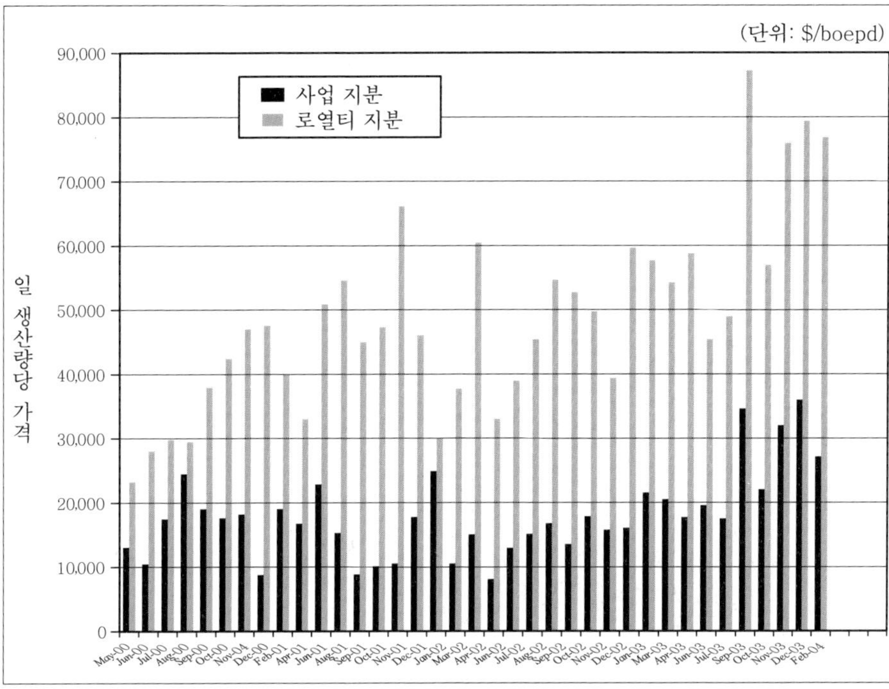

이러한 가치의 상승은 비합리적인 것처럼 보이나 그림 5-6에서 보는 바와 같이 유가와 생산량 시장 배수간에는 강한 상관 관계가 있다. 경매 거래에서 두 요인간의 상관 관계는 미국의 다른 모든 유형 거래에서 분석된 상관 관계에 비해 더욱 높은데, 그 이유는 다음과 같다.

- 다른 매각 방식에 비해서 경매를 통한 매각 방식이 매각부터 거래 완료가 되는 시점까지의 기간이 짧기 때문이다.
- 경매에서 매각되는 자산의 경우 무형의 자산 가치는 거의 보상되지 않기 때문이다.

자료를 통해서 더 넓은 미국 시장에서 생산량 시장 배수는 점차 증가하는 추세인 것을 알 수 있다. 상당 수의 시장 배수가 낮은 유전 거래가 자료에 포함되어 있음을 감안할 때 경매에서 상당히 높은 가격 대의 자산들이 많이 거래되고 있다는 것을 알 수 있다. 높은 평균 시장 배수가 존재한다는 것을 보건대 경매는 상당 수의 매수자들을 끌어들이는 데 매우 성공적이었다는 것을 알 수 있다.

그림 5-6 경매에서 유가와 BOEPD 당 가격의 상관 관계

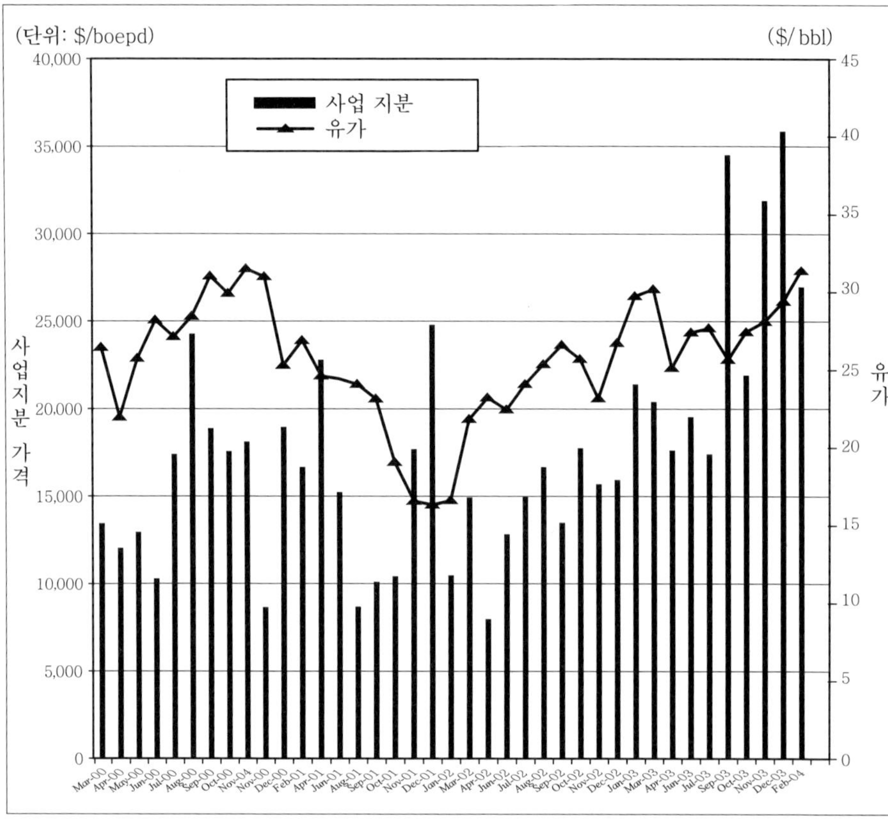

경매에서 생산량 시장 배수다 높다면 입찰자들은 더욱 더 주의를 해야한다. 압력 감소 생산 메커니즘(pressure depletion drive mechanism)[12]에 의한 생산이 이루어질 경우 물이 생산되기 시작하여 생산량 곡선의 감쇄가 빠를 것으로 예상되는 광구는 점진적으로 감쇄될 것으로 판단되는 생산 광구보다 더욱 낮은 생산량 배수를 적용해야 한다. 만약 입찰자가 경매에서 자산을 낙찰하였는데 그 자산이 단시일 내에 급진적으로 감쇄되는 자산이라면 그 인수의 수익성은 매우 실망스러울 것이다.

12) 역자주 : 압력감소 생산 메커니즘이란저류층의 압력이 감소함에 따라 오일 및 가스의 팽창으로 인해 생산이 이루어지는 것을 말한다. 이와 대비하여 석유와 접하는 대수층의 에너지에 의해 생산되는 것을 물에 의한 생산 메커니즘(water drive mechanism) 이라 한다.

5-2 유전 중개인에 의한 매각

유전 중개인은 흔히 다음과 같은 이유로 자산을 매각하기 위해서 선정된다.

- 유전 중개인은 자산 매각을 목적으로 하며 많은 회사들은 유전 중개인이 회사 내부가 보유한 매각 방식과 정보들보다 더 많은 접근법과 인맥을 가지고 있다고 생각한다.
- 대부분의 유전 중개인들은 매수자들과 지속적으로 연락을 하고 지내므로 잠재적 매수자들을 폭 넓게 고려할 수 있다.
- 입찰 과정을 통해 매수자가 선정되었을 때 유전 중개인은 제3자로서 사소한 일들을 처리해주고 협상에 진전이 없을 때 제안에 대한 서로의 입장을 확인해 줄 수 있어서 도움이 된다.
- 어떤 유전 중개인들은 제3자로서 객관적 의견서를 제공해 줄 수 있는 금융기관과 연계되어 있다. 이러한 의견은 상장회사를 위하여 상당히 큰 규모의 자산에 대한 매각 금액이 적정한 지를 검증할 수 있다. 이러한 객관적 의견서가 필요하다면, 의견서를 발행해주고 자산의 매각에도 도움을 주는 회사를 선정하는 것이 편리하고 비용도 절감할 수 있다.

회사들은 유전 중개인의 활동에 제한을 둘 필요가 있다. 매도자는 이러한 활동 제한에 대해 매각 진행 초기에 논의해야 하며 유전 중개인의 활동이 회사의 정책 및 전략과 일치할 수 있도록 가이드 라인을 만들어야 한다. 그 이유는 다음과 같다.

- 매도자는 스스로를 보호하기 위하여 매수자에 대한 최소한의 재무 건전성 지표들을 규정해야 한다. 예를 들어 복구비용이 많이 들어가는 자산에 대해 매수자가 광구 폐쇄 및 복구를 적절하게 하지 못한 경우 원래의 자산 소유자(매도자)가 그 책임을 부담하게 될 수도 있다.
- 매도자는 유전 중개인의 잠재적 매수자 리스트를 검토하고 그 중에서 어느 매수자가 회사와 전략적 차이가 있거나 지급하지 않은 금액이 있거나 그 회사와 진행 중인 협상이 있는 경우에는 그 잠재적 매수자 리스트에서 제외하여야 한다.
- 매도자는 매각과정에서 핵심적인 부분에 대한 통제를 위해 모든 입찰 건들이 유전 중개인에게 가기 보다는 전부 회사 내부로 보내어지길 원한다.

• 매도자들은 유전 중개인이 협상에서 빠지기를 요청하기도 한다. 매도자들은 협상이 내부적으로 진행될 때 더 좋은 성과가 나온다고 믿을 수도 있다.

매각 과정은 길고 넘어야 할 산들이 많다. 매각 진행이 장애가 되는 일들이 많이 발생하고 만약 한 잠재적 매수자가 불만을 품는다면 자산 매각은 많은 시간과 비용이 소모되는 소송에 휘말릴 수도 있다. 소송 또는 심지어 소송에 대한 협박은 매도자의 자산 매각 노력을 완전히 무산시키고 그 노력을 쏟은 모든 사람을 힘들게 한다.

유전 중개인은 요청 받은 결과를 이루어 내기 위해 부지런히 일한다. 경험이 많은 유전 중개인은 매도자를 위한 도덕적 대표자가 되는 것뿐만 아니라 적절한 매수자가 합리적인 프리미엄 가격에 자산을 획득할 수 있도록 업계의 평판을 유지하고 개발시키기 위해 열심히 노력한다.

5-3 내부 인력을 통한 매각

많은 회사들, 특히 큰 회사들은 자신들의 자산을 직접 매각한다. 그 이유는 다음과 같다.

• 큰 회사들은 다양한 직무의 직원들을 보유하고 있어서 매각자산에 따라 임시적으로 팀을 조직할 수 있다.
• 매각이 진행되는 동안 회사 내에 자산 매각과 관련하여 필요한 전문가를 배치할 수 있다.
• 만약 회사의 목적이 바뀌면 매각 추진이 빨라질 수도 느려질 수도 있으며 심지어 경매회사 또는 유전 중개인과의 계약을 파기할 수도 있다.
• 회사는 전체적으로 매수자에게 제공되는 정보 및 추진 과정에 대해 완벽하게 직접 통제를 원할 수 있다.
• 경매회사나 유전 중개인에게 지급하는 수수료를 아깝게 생각하는 경향이 있다.

그러나 최근 큰 회사들이 내부적으로 매각 진행을 하지 않으려는 추세가 있는 데 그 이유는 다음과 같다.

- 직원 층이 얇아져서 과거와 같이 유연성 있게 조직 운용이 어렵다.
- 대규모의 매각 추진 시 소모되는 시간과 비용이 상당하다.
- 전자매체의 사용으로 인해 자산 매각 환경이 더욱 전문화되고 있다.
- 매각 활동은 중요한 활동이나 최적화되어 있지 않다면 매우 위험하다.
- 매각 활동이 경영진에게 대체로 우선 순위에 있지 않다.

5-4 공동 소유자에게 매각

공동 소유자를 최적의 매수자라고 생각하는 매도자들이 있다. 이러한 경우 매도자는 공동 소유자로부터 제안을 얻어서 받아들일 만한 가격을 협상하고 그들이 받아드린다면 계약을 체결한다. 이러한 거래가 발생하는 예는 다음과 같다.

- 자산이 격리된 지역에 있다.
- 자산이 특별한 소송 과정에 있거나 광구 폐쇄 후 복구에 문제가 있다.
- 공동 소유자는 낮은 비용으로 그 지역을 운영할 수 있다.
- 공동 소유자는 인근 지역의 자산을 매입하는 것에 대해 특별히 공격적인 경향이 있다.

경험적으로 공동 소유자에게 매수를 제안하는 것이 합리적인 접근처럼 보인다. 그러나 그 지역에 대해 경험이 없거나 소유해본 적이 없는 회사로부터 좋은 가격을 받을 가능성이 높다. 왜냐하면 공동 소유자는 그 지역에 대한 위험과 잠재적 비용 그리고 자산의 단점에 대해서 다른 잠재 매수자보다 더 잘 알기 때문이다. 공동 소유자가 아닌 매수자는 정보의 부족으로 인해 자산을 과대평가할 수 있고 그 결과 위험을 분석에 반영할 수 없다.

제6장 유전 매각 절차

6-1 사전 준비사항
6-2 데이터 룸 준비사항
6-3 제3자 매장량보고서(Third-Party Reserves Report)

유전 투자의 이해

[제6장 유전 매각 절차]

6-1 사전 준비사항

유전자산 매각 시 소요되는 시간은 6개월에서 1년 정도이다. 매각을 위한 사전 준비 사항은 다음과 같다.

- 매각자산의 특징 검토
- 매각자산의 회계상 장부가격 및 세무상 장부가격 결정
- 매각자산의 기술적 분석 및 경제적 분석 수행
- 탐사가능지역 시추 계획 및 추가 매장량 검토
- 매각 가능한 최소 매각 가격 결정 및 재무적 영향 검토
- 매각방법 결정
- 매수자 요건 결정
- 비밀자료제공을 위한 주주들의 사전 승인 획득
- 잠재 매수자에게 제공 가능한 탐사자료 수준 결정
- 광구 폐쇄 및 복구비용 또는 환경적 의무사항 정립
- 시추 도식도(schematics) 수집
- 자산 운영 계획에 대한 설명 자료 작성
- 토지 및 리스 요약 자료 작성

- 유전 별 가스 불균형(gas imbalance)[13]표 작성
- 생산된 원유에 대한 판매 의무 및 권리 정리
- 데이터 룸을 위한 자료수집
- 발표를 위해 온라인 또는 CD-ROM 자료 준비
- 잠재 매수자 연락 및 회의 협의
- 데이터 룸 및 탄성파 자료용(seismic) 워크스테이션 설치
- 데이터 룸 및 자료 복사 권리 관리
- 추가 이익 가능성(upside potential) 발표
- 제안서 접수 및 검토
- 매각 후 재무적 영향 검토
- 최적 제안 선택
- 자산실사 및 현장실사 주선
- 매각 가격 및 계약조건 협상
- 경영진의 승인 획득
- 우선매수권(preferential rights)을 보유한 공동 소유자와 협의
- 토지 소유자로부터 승인 획득
- 매수자와 거래 종결
- 매수자에게 사무실 및 현장의 모든 서류를 이전
- 정부 기관에 소유권 이전 신고
- 거래대금 수령 후 거래 대금의 정확성 최종 확인

유전매각 방법에 따라 위 준비사항은 다소 변경될 수 있다. 매각 과정에 참여하는 사람들은 각기 다른 시점에 그 과정에 참여하기도 하며 동시에 1개 이상의 거래에 참여하기도 한다. 위의 활동들은 아주 일반적인 것을 정리한 것이며 여러 개의 매각 과정이 동시에 진행되어 충분한 시간이 주어지지 않는 경우가 일반적이다.

13) 역자주 : 가스 불균형(Gas Imbalance)이란 판매 가능 전체 가스량 중 유전 소유자 사업지분에 해당하는 가스량과 실제 판매 전체 가스량 중 유전 소유자 지분 가스량과의 차이 정도를 말한다.

6-2 데이터 룸 준비사항

1995년 전까지는 잠재 매수자에게 자료를 제공할 유일한 수단은 데이터 룸이었다. 데이터 룸에는 제안된 자산에 대한 위험, 추가 이익 가능성(upside opportunities) 그리고 현재의 가치를 평가하는데 필요한 보고서가 준비되어 있다. 보고서의 주요 내용은 지분 관계, 토지, 법률 서류, 매장량, 생산량, 지질 자료, 시추공 및 시추 지역 자료, 회계 자료 및 판매 자료 등이다. 때로는 주요사항들에 대한 요약자료가 미리 배포되기도 한다. 데이터 룸에서 잠재 매수자는 자료 복사를 요구할 수 있으며 일반적으로 복사하는 자료의 양은 그 상상을 초월한다.

데이터 룸은 두 개의 구성 요소로 되어있다. 첫 번째 요소는 현재 유전 가치와 위험 요소를 설명하는 기본 정보들이고, 두 번째 요소는 매도자가 운영 및 추가 시추를 통한 성장 가능성에 대한 자료이다. 시추를 할 수 있는 충분한 지역을 보유하거나 원유 부존 가능성이 있는 더 깊은 지층을 아직 시추하지 않는 경우 탐사 시추를 통한 추가 이익 획득이 가능하다. 이러한 추가 이익 가능성(upside potential)에서 비전을 보고 다른 경쟁자들보다 더 높게 평가하는 입찰자가 최고가 입찰매수자가 될 가능성이 높기 때문에 추가 이익 가능성(upside potential)은 매우 중요하다. 하지만 이러한 추가 이익 가능성(upside potential)에 대한 평가는 첫 번째 요소 즉, 현재 유전 가치보다는 더 많은 위험을 수반한다.

최근에 3차원 탄성파 탐사 자료가 활용되기 시작한 이후 3차원 탄성파 탐사 자료와 관련한 수 많은 자료들로 인해 데이터 룸이 더욱 복잡해졌다. 이제 매도자는 다음의 사항을 결정해야만 한다.

- 제공할 3차원 탄성파 탐사 자료의 종류 (문서 또는 컴퓨터 상에서)
- 매수자가 정보를 판독할 수 있는 수단 (ex. 인쇄물 또는 시청각 자료)
- 매수자가 탄성파 탐사 자료를 보기 위한 워크스테이션 작동 범위
- 매수자가 가져갈 수 있는 자료 범위 (ex. 지도, 단면도 또는 탄성파 자료)

3차원 탄성파 자료 해석이 다소 복잡한 과정이기는 하지만 이는 거래에 있어 새로운 기회와 가치를 가져다 주었다. 과거에는 위험요소가 많은 광구로만 여겨졌던 광구들도 이러한 기술을 바탕으로 추가 탐사 및 개발에 대한 가치를 산정할 수 있

게 되었다. 3차원 탄성파 탐사를 바탕으로 한 개발과 탐사 기회들의 위험은 낮아지면서 그 가치는 증가하는 결과를 나았다.

유전 매각을 위한 마케팅 방법이 인터넷 온라인시장을 통해 다각화됨에 따라, 매수자에게 자료를 전달하는 것도 과거에 비해 훨씬 쉬워졌다. 인터넷과 CD가 데이터 룸의 기능을 대신하거나 서류 데이터 룸의 형태를 급격히 변화시켰고, 유전 중개인 또는 매도자의 홈페이지가 데이터 룸을 대신하게 되었다. 그래서 일부 매수자들은 많은 서류와 디지털로 스캔 된 큰 사이즈의 지도들을 프린트하는 쉬운 방법을 찾아야만 한다.

1990년 이후 데이터 룸의 형태는 과거 서류상으로만 자료를 주고 받는 방식을 탈피하여 온라인상으로 쉽게 자료를 취득할 수 있는 방식으로 변화하였다.

표 6-1 자료전달방식의 변화

	1990년 대	2000년 대
데이터 룸의 위치	매도자	유전 중개인(Broker)
데이터 양식	하드카피(Hardcopy)	CD, 인터넷
기술 수준	낮음	높음
접근 방식	매도자 중심	매수자 중심
매수자의 필수품	휴대용 복사기	지구물리학적 자료[14]

비록 유전 매매 시장에 자료를 전달하는 방식이 다양화되고 손쉬워졌지만 추가이익 가능성(upside potential)이나 계약조건, 지속적 법률 문제 등에 대해서는 매수자와 매도자간 대면 협상의 자리는 반드시 필요하다.

6-3 제3자 매장량보고서(Third-Party Reserves Report)

제3자 매장량 평가 회사의 보고서가 유전 거래에서 반드시 필요한지에 대한 부분은 명확하지 않다. 제3자 매장량 평가 보고서가 때로는 유전 거래에 도움이 되기도 하지만 때에 따라서는 방해가 될 수도 있다. 종종 보고서가 필요한지에 대해서

14) 역자주 : 1990년대에는 지구물리학적 자료가 탐사 시에만 사용되어 큰 유용성이 없었으나 2000년에 들어서면서 지구물리학적 자료는 개발뿐만 아니라 매장량 및 추가가능이익을 계산할 때도 사용되면서 그 유용성이 증가하였다.

는 매수자, 매도자간 의견이 엇갈릴 수도 있다.

여기서 매장량 평가 보고서가 필요한 몇 가지 이유를 설명하면

- 매수자가 주요 지역의 매장량과 상대적으로 불확실성이 높은 지역의 매장량을 구분하게 도와준다.
- 내부에서 평가한 매장량과 비교해 볼 수 있는 객관적 자료가 된다.
- 매도자가 자산에 대한 시장의 인식을 파악하는 데 도움을 준다. 제3자 매장량 평가 보고서에 의한 자산 가치는 매도자가 매각하려는 가격보다는 낮은 것이 일반적이다.
- 매수자가 인수 대금 지급을 위해 자금 조달을 하는 경우 제3자 매장량 평가 보고서는 대출을 위한 자산 평가의 근거 자료로 사용될 수 있어 거래를 신속하게 해준다.
- 패키지로 유전 거래를 할 때 일부 리스가 리스 계약 연장 실패 등으로 거래 대상 패키지에서 제외된 경우 보고서는 해당 광구에 대한 객관적인 가치 산정을 할 수 있도록 해준다.
- 매장량 평가 보고서를 작성하는 회사는 해당 지역에서 사용되는 최신 기술을 알고 있다.

반대로, 다음과 같은 이유로 매장량 보고서가 제공이 안될 수도 있다.

- 매장량 평가 기관을 섭외하고 보고서를 작성하는 데에 많은 비용과 시간이 소요되어 매각 스케줄이 지연되는 경우
- 매장량 평가 보고서에 의한 자산 가치가 매수자가 제안하려는 가격의 상한선 역할을 할 경우
- 매장량 평가 보고서가 매도자가 마케팅 포인트로 생각하는 일부 매장량 및 추가 이익 가능성(upside potential)을 줄이거나 제거한 경우
- 매수자는 매장량에 대해 매우 긍정적인 입장이나 평가 보고서가 매장량을 낮게 잡아 자산 담보 대출의 상한선으로 작용하는 경우

매장량 평가 기관을 지정하는 데 있어서 가장 큰 고려 사항은 비용이다. 많은 회

사들은 비용이 들더라도 이러한 매장량 평가 보고서를 받아왔으며, 언제까지 분석이 완료되어야 하는 지, 어느 시점까지 매장량 평가 기관이 해야 하고 어느 시점부터 내부 인력이 해야 하는 지에 대한 의사 결정 기준을 가지고 있다. 위 사항에 대해 주기적으로 검토함으로써 회사의 경영진은 진행 중인 분석 과정에 대해서 지속적으로 정보를 얻을 수 있다.

매장량 평가 기관에게 매장량 분석을 의뢰하기 전에 고려해야 할 사항은 매도자의 매각 일정과 자산 가치에 대한 매도자의 견해, 패키지에 포함될 자산의 범위 그리고 비용 등이다.

매장량 평가 기관의 분석 보고서가 있으면 매수자는 자산의 가치보다 더 많은 비용을 지급할 위험을 줄일 수가 있다. 반대로 매도자 입장에서는 좀 더 높은 가격을 받을 수 있는 기회는 상대적으로 줄어들게 된다. 하지만 일반적으로 증권거래위원회(SEC)의 가이드 라인에 따라 일관되게 가정과 자산평가가 이루어지기 때문에 매도자는 크게 우려할 필요는 없다. 매도자는 이러한 요인들을 종합적으로 고려하여 최적의 자산매각방식을 결정하여야 한다.

일반적으로 매장량 평가 기관의 분석 보고서는 확인 매장량(proved reserves) 및 이로부터 파생되는 추가가능이익에 초점이 맞추어져서 작성이 된다. 보고서와는 별도로 탐사에 의한 추가개발가능이익에 대해서는 전적으로 매도자가 준비한다. 매수자가 이러한 추가개발가능이익에 대해 어느 정도 받아들이느냐가 입찰에 성공한 매수자와 그렇지 못한 매수자를 가르는 기준이 된다.

제7장 인수 절차

7-1 인수 절차에 따른 업무
7-2 적극적 접근법 및 수동적 접근법
  7-2-1 적극적 접근법
  7-2-2 수동적 접근법
7-3 데이터 룸 방문
7-4 매장량 평가
7-5 자금조달 방안
7-6 유가/가스가격의 고려

유전 투자의 이해

[제7장 인수 절차]

7-1 인수 절차에 따른 업무

인수 분석에 대한 접근법은 회사별로 다양하고 자산에 따라 많은 영향을 받는다. 그러나 다음과 같이 모든 인수 절차에 적용 가능한 요소들이 있다.

■Step 1 : 약식 검토

• 대상 자산 특징은 무엇인가?
  - 성장 가능성
  - 비용 절감 수단
  - 인근 광구와의 공동 운영을 통한 시너지
• 대상 자산의 현재 상황은 어떠한가?
  - 데이터 룸 설치, 마감 기한, 개인적 요청 사항
  - 매도자의 매각 의사 진정성
  - 공동 소유자의 참여 정도, 우선적 매수청구권 존재 여부
  - 잠재적 경쟁 상황

■Step 2 : 구체적 분석

- 토지 및 리스 검토
- 가장 현실적 생산량 감쇄 시나리오
- 유정 완결 사항(ex. 생산관 크기(tubing size), 압축기 설치 유무(back pressure compression), 모래 생산 제어(sand control) 결정)
- 모든 종류의 매장량 결정
- 고갈시점까지의 생산 스케줄 설정
- 운영비 및 투자액의 추정
- 재무 타당성 검토

■Step 3 : 탐사에 의한 추가개발가능이익 분석

- 추가 개발 시나리오 파악

■Step 4 : 기본 가정에 대한 민감도 분석

- 위험 계수 반영 전(unrisked) 및 위험 계수 반영 후(risked) 매장량에 따른 민감도 분석
- 유가 및 헤지에 따른 민감도 분석
- 투자 금액 및 투자 시점에 따른 민감도 분석
- 유정 완결(well completion) 옵션에 따른 민감도 분석
- 고정 운영비 및 변동 운영비에 따른 민감도 분석
- 폐공 비용 및 환경 복구 비용에 따른 민감도 분석

■Step 5 : 회사에 대한 영향 평가

- 기존 사업의 운영비 및 간접비에 대한 효과
- 기존 사업 대비 경쟁력

■Step 6 : 입찰에 대한 분석

- 다양한 입찰 가격에 따른 민감도 검토
- 할인율 결정
- 세금 효과 및 감액 여부 파악
- 생산량 비례법에 의한 상각율 및 연간 이익의 추정

■Step 7 : 기타 검토 요소

- 매출 및 비용
- 가스 불균형(gas imbalance) 검토
- 리스 지역에서의 생산물 처리
- 마케팅 촉진 방안
- 매도 회사에 의해 운영되는 자산인지 다른 회사가 운영하는 자산인지
- 유정의 무결성과 기술적 위험성 파악
- 생산
- 최근 3년간의 추정치 대비 실제 생산량 수준
- 한계 경제성(economic limit)[15]에 도달하는 시기 추정

7-2 적극적 접근법 및 수동적 접근법

인수 대상을 선정하는 많은 방법이 있지만, 다음과 같이 그 선정 과정을 크게 2가지 상황으로 나눌 수 있다.

- 인수 대상 자산의 소유자에게 알리지 않고 내부적으로 인수 대상을 선정하고 준비하는 적극적 접근
- 매도자가 내부 기준에 따라 매각자산을 선택하고 이러한 매각 제안에 응하는 회사에게 자료를 제공하는 수동적 접근

15) 역자주 : 한계 경제성이란 오일 및 가스 매출액이 회사가 정한 운영비 이하로 떨어지는 지점을 의미한다. 각 생산정은 손실을 보지 않기 위해서 회사가 정한 한계 경제성 지점이 있다. 일반적으로 매출이 세금, 운영비 및 로열티의 합 이하로 떨어지는 경우를 의미한다.

각 접근법은 상황에 맞게 사용되면서 그에 따라 거래가 성사된다. 때로는 매각은 첫 번째 경우에서 시작하여 매도자가 매각의사를 밝히면서 두 번째 경우로 가기도 한다. 대부분 성공적 매수자들은 사업 전략에 맞게 두 가지 경우를 종합하여 수익성 있는 포트폴리오를 구성한다.

7-2-1 적극적 접근법

적극적 접근법은 매수자가 매각 의사가 없는 매도자에게 매각을 제안하고 그 이후 가격 및 조건 협상을 하는 경우를 말한다.

신규 자산에 대해 사전 분석을 할 수 있는 회사가 사용하는 방법이나 매도자가 매각한다는 전제가 없으므로 실제로 거래가 잘 이루어지지는 않는다.

이러한 방법에 의해 인수를 원하는 회사들은 일반적으로 매우 실력 있는 탐사 능력을 보유한 회사이며 시추 기회 및 운영 시너지를 고려하여 대상 자산을 선정한다. 일반적으로 이러한 접근법에서는 경쟁자가 없으며 지속적 사업 관계에 있는 매도자와 매수자 간에 발생하는 것이 특징이다. 이러한 제안에 따라 매수자는 매도자의 최소 가격에 맞출 수 있으며 여전히 충분한 수익을 거둘 수 있다.

이러한 방법은 공동 소유자의 지분까지 매입하는 것을 포함한다. 대부분의 회사들은 다음과 같은 이유로 공동 소유자의 지분을 매입하려 한다.

- 만약 자산이 일반적인 경우보다 많은 로열티를 지급해야 한다면, 한계 경제성(economic limit)은 일반적인 경우보다 높아지므로 지분 매장량의 한계 경제성을 낮추기 위해 로열티 지분을 매수한다. 그리고 인수를 통해 기존 미확인 매장량을 확인 매장량으로 변환시켜 추가 이익 가능성을 실현할 수 있다.
- 공동 소유자의 지분을 매입한다면 기술적 고정 간접비를 더 많은 매장량에 배분할 수 있어서 수익성과 경제적 효과를 증가시킬 수 있다.
- 현재 보유하고 있는 자산에 대한 추가적 지분 매입은 운영 및 매장량에 대해서 완벽히 알고 있기 때문에 상대적으로 위험이 낮다고 인식된다.

7-2-2 수동적 접근법

자산에 대한 수동적 접근이 업계에서는 더욱 일반적이다. 회사는 어떤 자산을 매각할 것인지를 결정하고 매각 추진을 위해서 제3자를 고용한다. 접근법에 따라 회사가 직접 또는 유전 중개인, 경매 회사 또는 인터넷 중개업자를 통해서 수백 건의 매각자산에 대한 통지서를 업계에 정기적으로 보낸다. 회사들은 새로운 마케팅 기법의 발전으로 인해 예전보다 데이터 룸을 준비하는 시간을 적게 쓰면서 접촉하는 회사의 수가 상당히 많아졌다.

그러나 때로는 이러한 과정은 매우 선별적으로 진행된다. 매도자는 신속성과 효율성을 위해서 제한된 수의 회사에만 연락을 한다. 이러한 접근법에서는 초기 단계에 유선상으로 잠재적 매수자의 관심을 파악하기 위한 의사소통에 많은 노력을 쏟는다.

7-3 데이터 룸 방문

데이터 룸을 방문하는 팀은 자산을 철저히 분석하기 위해 필요한 모든 기술을 갖춘 열정적인 전문가 집단으로 구성되어야 한다. 그들은 어떠한 정보들을 얻을 수 있을 것인지를 알아야 하며 방문 후 사무실로 돌아왔을 때 누구에 의해서 무엇이 수행되어야 하는 지를 알아야 한다. 데이터 룸을 방문하는 동안에 모든 팀원들이 주의해야 하는 점은 다음과 같다.

- 각자 책임 지고 얻어야 하는 정보를 수집하고 분류
- 팀으로 작업하는 데에 따른 위험과 기회 고려

데이터 룸 방문은 충분한 시간이 있다 하더라도 평가와 분석을 하는 시간이 아니다. 만약 팀원이 정보를 샅샅이 수집하고 모든 적절한 질문들을 매도자에게 했다면 업무가 많이 남아 있는 동료를 도와야만 한다. 데이터 룸 방문이 종료된 후 팀원들은 다시 사무실에서 만나서 자산의 성격과 각 팀원들이 기록한 위험 요소들, 추가로 필요한 단계, 평가 순서, 기술 분석을 위해 필요한 추가 자원 그리고 의사 결정 시점까지의 스케줄 등에 대해 토론한다.

7-4 매장량 평가

비록 인수 과정의 모든 과정이 중요하지만 매수자가 회수 가능 매장량을 산정하는 것만큼 중요한 것은 없다. 만약 인수 과정의 모든 참여자가 뛰어난 업무를 수행하였으나 매장량이 과대 평가되었다면 그 거래로부터 수익을 얻는 것은 거의 불가능하다.

이러한 것을 피할 수 있는 쉬운 방법은 보수적으로 매장량을 계산하는 것이다. 그러나 너무 보수적인 접근은 어떠한 자산도 인수할 수 없게 만든다. 성공은 매장량을 정확하게 확인할 수 있고 그 매장량을 기술, 자본, 최적화된 운영 그리고 사업 운영을 통해서 효율적이고 시의 적절하게 극대화 할 수 있는 자에게 있다.

몇 해 전만해도 "확인 매장량"을 공격적으로 평가하여 입찰하는 것만으로도 성공적인 인수가 가능한 시절이 있었다. 그러나 자산 인수 경쟁은 다음과 같은 이유로 심화되고 있다.

- 유전 운영 기술 발전
- 전문적 인수 조직
- 시장에서 좋은 매물 감소
- 자금 차입 용이성

경쟁의 심화로 인해 추정 매장량(probable reserves) 심지어 가능 매장량(possible reserves)을 가격에 포함시키는 것이 더욱 보편화되었고 사실 성공에 있어서 필수적이다. 매수자는 쉽게 평가가 가능한 확인 매장량뿐만 아니라 모든 종류의 매장량 검토를 목표로 설정할 필요가 있다. 이에 따라 매수자의 위험 감내 수준은 더욱 더 높아지고 이러한 위험 관리를 위해 과거보다 더 많은 기술과 도구들이 필요해졌다.

프로젝트 팀이 완벽하게 자산 평가를 하는 데 도움을 받을 수 있도록 컨설턴트들을 고용하기도 한다. 때로는 인수 팀은 제안 지역의 지질학적 전문가가 아닐 수도 있다. 그러한 지식의 차이를 메우기 위해 추가 자원을 투입하고 편견 없이 제3자의 시각에서 객관적으로 분석하기 위해서 컨설턴트를 고용한다. 많은 컨설턴트들은 생산 자산 인수 작업에 참여해 왔다. 그들의 팀은 석유 공학자, 지질학자 그리고 지구물리학자들로 구성되어 있으며 인수과정에서 많은 도움이 되는 다방면의 경험을 가지고 인수 작업에 참여한다.

7-5 자금조달 방안

인수를 위해 내부 자금 또는 금융 기관 자금을 이용하게 된다. 회사가 인수 자금을 보유하고 있다면 자금을 빌려야만 하는 회사보다 더 유리한 입장에 있게 된다. 매도자는 다음과 같은 이유로 자금을 보유하고 있는 회사를 선택하는 것을 선호한다.

- 거래 완료가 금융 기관에 의해 영향 받지 않는다.
- 만약 매수자가 자금 조달을 할 수 없다면 거래는 위험에 빠질 수 있다.
- 일반적으로 제3자 매장량 보고서가 필요하지 않다(매장량 보고서가 필요한 경우 거래 협상 시점까지 매장량 보고서가 나오지 않는다면 거래 완료를 위해 시간이 더 필요할 수 있다).

인수 자금은 다양한 곳을 통해서 조달할 수 있다. 그 중 은행은 가장 보수적 기관이고 어림잡아 확인 매장량 가치의 절반 정도만 대출해 줄 것이다. 하지만 대신에 은행을 통해서 자금을 조달할 경우 다른 곳에서 자금을 조달하는 것보다 낮은 이자율로 자금을 조달할 수 있다.

가장 조달 비용이 높은 자금은 금융기관이 지분의 형태로 참여하는 메자닌 자금 조달 형식[16]이다. 이 자금의 특징은 사업의 현금흐름이 원금 또는 특정 금액 이상 창출된 후 메자닌 투자자가 투자비에 대한 특별보상(back-in)을 수취할 수 있는 권리를 가지는 것이다. 메자닌 자금 조달은 매우 일반적이며 담보가 없고 은행에서 충분한 자금을 빌릴 수 없는 소규모 회사에서 광범위하게 사용된다.

16) 역자주 : 메자닌 자금 조달이란 보통주보다 회사의 자산 배당에 대해 선순위에 있는 무보증 후순위 채권, 전환사채, 우선주 등으로 자금을 조달하는 방식을 말한다. 보통주보다 선순위이긴 하나 보증 사채에 비해 위험이 높아 요구수익율이 높다.

7-6 유가/가스가격의 고려

평가에 있어 유가 예측이 중요하지만, 과거 통계를 보면 BOE 당 거래 가격이 유가(정두가격, wellhead price)를 따라가긴 하지만 정확히 일치하는 추세는 아니었다.

오일과 가스 가격 구조는 다양한 출처를 통해 얻을 수 있다. 거래 가격과 유가를 비교해보면 일반적으로 상관 관계가 높다. 거래 가격의 피크는 유가의 피크보다 몇 개월 뒤에 나타난다. 이러한 이유는 매수자는 유가의 가벼운 상승만으로는 자산의 가치 평가를 위한 기준 유가를 올리지 않을 것이기 때문이다.

대부분의 거래는 단기 유가 하락의 효과를 상쇄시킬 만큼 오래 진행되긴 하지만 유가가 하락하면 거래 가격이 더 빨리 떨어지는 경향이 있다. 유가 하락 시 더 빠른 반응이 나타나는 이유는 초기 현금흐름의 하락은 사업 초기의 수익성을 하락시켜 경제성 분석에 큰 영향을 주게 되어 좋은 수익을 기대하는 것이 매우 어렵기 때문이다.

과거에 2년 동안 유가가 배럴당 0 달러에서 20 달러까지 변하는 동안 배럴당 거래 가격의 변동폭은 동 기간 동안 2 달러에 불과하였다. 1982년부터 2002년까지 모든 거래 가격은 배럴당 4.3 달러에서 배럴당 8.6 달러 사이었던 반면, 유가는 배럴당 10 달러에서 40 달러 사이의 범위에서 폭 넓게 움직였다.

이러한 데이터는 가스 자산 거래에 있어서도 마찬가지이다. 유가의 변동이 매우 심했던 2001년에 특히 이러한 변동폭의 차이를 볼 수 있는데 2001년의 가스 가격(정두 가격, wellhead price)은 9 달러/mcf[17] 이었으나 그 해의 mcf 당 거래 평균 가격은 1.25 달러/mcfe[18]로 매우 낮았다. 역사상 가격이 아주 낮았던 1992년에 평균 가스 가격은 mcf당 1 달러이었으며 가스 매장량 당 거래 가격은 mcf당 0.7 달러에 머물렀다.

오일 및 가스의 시장 배수에 대한 앞 선 논의에서 단시일 내에 유전이 고갈되고 복구비용이 발생하여 매장량 가치가 거의 없는 비우량 자산에 대한 거래는 분석에

17) 역자 주 : Mcf = 1,000 cubic feet

18) 역자 주 : Mcfe = 1,000 cubic feet equivalent, 오일 1 bbl을 동일한 열량을 지니는 가스 6 mcf로 환산한 단위

서 제외하였다. 만약 그러한 비우량 자산의 거래 가격까지 통계에 포함되어 계산되었다면 단위당 거래 가격은 알려진 가격대보다 낮았을 것이다.

유가 및 가스가격의 상대적 변동성을 고려할 때 자산의 시장 가치를 평가하기 위해 사용되는 많은 변수보다 유가 예측이 훨씬 중요하다. 가장 정확한 유가를 예측하는 회사가 매수/매각 시장에서 다른 어느 생산자들보다 더 경쟁력 있고 정확한 포트폴리오 의사결정을 내릴 수 있다.

평범한 유가의 변화에도 수익성은 큰 영향을 받는다. 올해 가스가 2.5 달러/mcf에 팔린다고 가정해보자. 만약 생산비가 0.5 달러/mcf이고 관련 생산세 및 로열티가 25%라면 세전 수익은 1.375 달러/mcf[19]이다. 유가가 50% 상승하여 3.75 달러/mcf가 되었다고 하면, 세전수익은 거의 70% 상승하여 2.31 달러/mcf[20]이 된다. 반대로 유가가 50% 하락하여 1.25 달러/mcf가 된다면 이익은 거의 70%가 하락하여 0.44 달러/mcf[21]가 된다.

이러한 예를 통해 가격 변동성의 효과를 알 수 있다. 예를 들어 중질유 자산 매각 시장은 한정되어 있고 시장 배수도 낮다. 몇 달러의 유가 하락만으로 중질유 매수 이익이 사라질 수 있다. 반대로 예상하지 못한 가격 상승은 그렇지 않았다면 달성하지 못했을 정도의 추가적 수익을 거둘 수 있게 해준다. 가격이 예상치 못하게 일정 기간 동안 상승하면 예상보다 빠른 시간 안에 원금 회수가 가능하게 된다.

매년 마다, 때로는 더 자주 큰 가격 변동이 발생한다. 대부분의 자산들은 자산 수명기간 동안 몇 차례의 가격 변동 주기를 맞이하게 된다. 이러한 매출 변동은 특히 유가가 낮은 시점에는 위험 요인이므로 인수 분석 시 유의해야 한다. 그래서 비용 관리가 매우 중요한데 이는 높은 원가 구조에서는 유가가 낮아지면 쉽게 이익이 줄어들기 때문이다.

19) 역자 주 : 2.50 달러/mcf x (100% − 25%) − 0.5 달러/mcf

20) 역자 주 : 3.75달러/mcf x (100% − 25%) − 0.5달러/mcf

21) 역자 주 : 1.25달러/mcf x (100% − 25%) − 0.5달러/mcf

제8장 유전의 단계별 위험

8-1 발견 단계
8-2 평가 단계
8-3 개발 단계
8-4 생산 단계
8-5 재개발 단계
8-6 고갈 단계

유전 투자의 이해

[제8장 유전의 단계별 위험]

생산 자산은 수명, 위험, 비용, 회수율 그리고 가치에 있어 각각 특징을 보유하고 있다. 자산들은 각기 다른 고유의 특색이 있지만 각 자산은 발견에서 고갈까지 동일한 단계를 지나게 된다. 그 기간은 짧게는 5년 길게는 100년까지 된다. 이번 장에서는 각 단계의 특징에 대해 설명하고 인수 시 각 단계별 영향에 대하여 다루려 한다.

8-1 발견 단계

평가(delineation) 단계 전 단순 발견 단계에 있는 자산 가치는 매우 불확실하다. 유망구조가 있다면 수 많은 위험들을 확인했다 할지라도 매장량 검증이 덜 되었다는 이유로 낮은 가격을 받고 매각하려는 소유자는 드물다. 위험 계수 반영 후 매장량은 전체 잠재 자원량의 일부에 불과하므로 개발계획이 소유자의 회사 전략과 불일치하는 경우를 제외하고는 발견한 유망 자산의 매각은 일반적이지 않다.

8-2 평가 단계

자산의 평가(delineation) 후 매각이 일어날 가능성은 높아진다. 이 단계에서는 투자계획이 세워지고 운영 시나리오가 설계되므로 합리적 비용 분석이 가능해지며 발견 단계보다 매장량과 예상 생산량은 더욱 명확해진다. 그러나 여전히 높은 불확실성이 있다. 이 단계의 소유자들은 예상 매장량과 비용이 회사의 기존 포트폴리오에 긍정적 영향을 주는 지를 판단한다. 만약 긍정적 영향을 주지 못한다면 발견한 매장량을 개발하는 데 필요한 자본을 투자하는 것보다는 자산을 매각하는 것이 낫다.

8-3 개발 단계

이 단계에서는 장기 예상 생산량 및 생산 메커니즘이 파악됨에 따라 매장량 추정은 더욱 정확해질 것이다. 이 단계의 자산은 다음의 이유로 매우 가치 있고 시장성이 있다.

- 초기 생산량은 보통 매우 높다.
- 비용이 과도하게 초과할 위험이 제한되어 있다.
- 매장량이 확인 되었기 때문에 매장량을 과대 평가할 확률이 낮다.
- 유전의 원상 복구는 먼 장래에 발생하므로 복구 비용의 현재가치는 매우 작거나 무시될 만하다.
- 광구에 추가 시추를 통한 추가 개발 이익 가능성이 존재할 수 있다.
- 인근 지역에 탐사를 통한 추가 개발 가능 지역이 존재할 수 있다.

자산의 수명 주기에서 이 단계에 팔리는 소수의 자산들은 매우 높은 시장 배수로 거래되며 일반적으로 매수자는 매도자에게 기존 투자 비용에 대해 높은 보상을 제공한다.

8-4 생산 단계

수 년 동안 유전은 오일 및 가스를 생산하고 있으며 운영 비용 구조, 생산 메커니즘(drive mechanism), 탄성파 탐사 결과 및 매장량이 잘 파악되었으며 매출이 안정적으로 발생한다. 이러한 자산들은 일반적으로 수익성이 좋고 추가 이익 가능성(upside potential)이 있기 때문에 소유자가 매각하려 한다면 높은 수익을 거둘 수 있다. 그러나 일반적으로 이 단계에서는 많이 매각되지 않는다. 왜냐하면 대부분의 경우 해당 자산은 그 회사의 핵심 자산이기 때문이다. 그러므로 적극적인 매수자들은 이러한 단계의 자산을 목표로 하는 것이 일반적이다.

유전이 수명 주기의 후반으로 갈수록 다음과 같은 몇 가지 특징을 가지게 된다.

- 초기 대비 생산량이 작으며 적은 수의 생산정에서 생산된다.
- 유전의 비생산정 수가 생산정에 비하여 더 많다.
- 가치는 복구 비용보다 조금 많다.
- 환경 문제가 발생할 것이 분명하다.
- 제한적이고 위험한 추가개발지역만 남았다(낮은 곳에 걸린 과일은 다 수확하였다).
- 해당 유전이 회사 포트폴리오에 적합하지 않는 수준까지 배럴당 고정비가 오른다.

위의 특징들은 수동적 접근방식으로 매각되는 유전들의 특징이다. 아직까지 이 자산들은 양(+)의 가치를 보유하고 있으며 더 좋은 탐사 자원을 보유한 적극적 운영권자나 회사들을 끌어 들이기에 충분한 추가개발가능지역이 있다. 회사가 운영 효율화의 기회가 적은 지역에 성숙한 유전들을 많이 가지고 있다면 적절한 가치로 해당 자산을 매각하는 것을 고려해 봐야 한다.

8-5 재개발 단계

1차 개발된 생산정이 고갈 단계에 들어 간 이후 대부분의 유전들은 재개발을 경험하게 된다. 일반적으로 재무적인 수치가 나빠져 자산 매각을 고려하기 전에 이러한 생산정의 재개발이 이루어진다. 재개발을 하는 일반적 이유는 다음과 같다.

- 발견 당시 대비하여 더 향상된 새로운 탄성파 탐사 자료를 획득하여 미개발지역이 확인되고 탐사 되었을 경우
- 생산 자료 분석 결과 추가 생산정을 통해 오일 및 가스 회수 증진이 가능한 경우 재개발은 새로운 생산을 지원할 인프라가 갖추어져 있기 때문에 일반적으로 수익성이 매우 높다. 많은 적극적인 매수자들은 재개발이 되지 않은 지역을 찾는다. 왜냐하면 이 단계에 있는 유전들은 추가 매장량을 찾기에 비옥한 지역이기

때문이다. 이러한 지역의 단점은 가장 큰 저류층은 이때까지 이미 생산되었기 때문에 일반적으로 재개발된 생산정의 매장량은 최초 개발시의 매장량만큼 크지 않다.

8-6 고갈 단계

고갈 단계에 있는 유전들은 거의 폐공에 가깝고 수익성을 다시 얻을 수 있는 기회가 매우 적다. 이 유전은 단지 한 두 개의 생산정만 남은 상태이며 만약 핵심 생산정 중 하나가 고갈되면 재작업하는 것이 비경제적이기 때문에 매우 큰 위험을 가지고 있다. 해당 유전들은 가치가 매우 낮기 때문에 별도로 팔기는 매우 어렵다. 결과적으로 이러한 유전들은 일반적으로 매수자를 유인하고 거래를 성사시키기 위하여 더 좋은 자산과 함께 큰 자산으로 묶여져 팔린다.

제9장 평가 방법

9-1 공정 시장 가치
9-2 매도자와 매수자의 관점 비교
9-3 시장 배수 모형에 따른 자산 인수
9-4 역사적 시장 배수
9-5 운영 관련 이슈

유전 투자의 이해

[제9장 평가 방법]

9-1 공정 시장 가치

시장에서는 공정 시장 가치에 대한 많은 정의들이 있다. 자산 매매에서 실제 지급 가격을 반영하는 정의는 다음과 같다.

「공정 시장 가치는 구매의사가 있는 매수자가 매도의사가 있는 매도자에게 지급하는 가격이다. 양 당사자는 그 거래에 대해 잘 알고 있으며 강제적이 아닌 자율적으로 거래를 하며 거래 자산은 합리적인 기간 동안 표준 시장에서도 거래가 가능하다.」

다른 학문적인 정의는 첫 번째 정의에 포함되어 있는 "투자 가치"를 제외한 정의이다.

「공정 시장 가치는 해당 자산 거래와 직접적 관련이 없고 지분관계가 없는 숙련된 공학자와 지구 과학자들의 조합이 계산한 평균값이다.」

두 번째 정의는 잠재적 시너지, 특별한 기술의 적용 또는 특정 매수자에게 자산을 더욱 가치 있도록 하는 다른 특별 요인들을 배제한 정의이다. 성공적 매수자가 지급하는 프리미엄이란 그 자산의 "투자 가치"를 의미하고 성공적 매수자는 일반적으로 "투자 가치"를 가장 높게 평가한 회사이다. "투자 가치"를 포함한 첫 번째 정의의 공정가치는 두 번째 정의에 의한 "공정 시장 가치" 보다 크기 때문에 사람들은 언론에 보도된 매각 가격을 통해서는 두 번째 정의에 따른 자산의 공정가치뿐만 아니라 지급된 프리미엄(즉, 투자가치)이 얼마인지 모른다.

경쟁력 있는 매각 가격을 산출하기 위한 공정 시장 가치 결정은 매우 어렵고 때로는 이러한 매각 가격은 유망 매수자에 의해 제안된 가격보다 더 낮을 때도 있다. 시장은 급변하고 매수자들은 자신만의 동기와 관점이 있다. 그리고 그 시장 가치는 실제 매매계약서를 체결하기 전의 추정된 숫자에 불과하다.

석유평가공학자회(SPEE, The Society of Petroleum Evaluation Engineers)에서 발표한 논문「perspectives on the fair market value of oil and gas interests」에서 공정 가치를 계산하는 다양한 방법을 제안하였다. 이 논문은 자원개발을 잘 아는 가치 평가 전문가 및 매장량 공학자들의 다양한 경험을 바탕으로 작성되었다. 이는 평가 절차, 위험과 불확실성의 본질, 평가에 있어서 이러한 요소들을 통제하는 방법 그리고 이용 가능한 시장 정보에 의하여 영향을 받는 공정 가치의 계량화 등에 대한 가이드 라인을 제공한다. 또한 이러한 문제에 대한 상세한 정보 및 예제를 담고 있다.

전략적 가치의 개념은 논문의 초반부에 논의되고 있다. 전략적 가치를 이해하는 것은 경쟁력 있는 생산 자산을 매입하는 데 있어 매우 중요하다. 공정 가치는 일반적으로 가치 평가 전문가에 의해 산업 표준 절차에 따라 계산되는 반면, 전략적 가치는 매수자가 해당 자산이 자신에게 매우 적합하다는 특별한 이유로 지불할 용의가 있는 프리미엄이 반영된 가치이다. 매우 영리하고 공격적인 투자자라서 전략적 가치를 확인하고 지불하는 회사는 그렇지 못한 회사보다 유전 거래 성공률이 높다.

9-2 매도자와 매수자의 관점 비교

매수자가 자산의 가치에 대하여 매도자와 다르게 긍정적으로 보는 이유는 매우 다양하다. 이렇게 자산의 가치에 대해 인식의 차이가 발생하는 이유는 다음과 같다.

- 매수자가 투자 기회에 대하여 더 낮은 요구 수익률(hurdle rate)을 가지고 있다. 따라서 매수자는 가치 평가 과정에서 더 많은 이익을 포함할 수 있다.

- 매수자는 동일한 유정 정비 작업에 대해 더 체계적 운영이 가능하여 운영비를 낮출 수 있다.
- 매도자는 탐사 및 개발 가능성이 있는 자산 매각을 통해 수익을 얻고자 하지만 매수자는 그 자산의 시추를 통하여 수익을 얻고자 한다.
- 매수자는 새로운 기술 적용에 확신이 있다.
- 매수자는 해당 자산에 대한 부정적 정보 부족으로 매장량 및 유정 수명에 대해 더 긍정적인 시각을 가지고 있다.
- 매수자가 흔히 작은 회사일 경우 유전 및 본사 운영에 있어 낮은 비용 구조를 가지고 있고 결과적으로 같은 생산량이라도 더 많은 이익을 확보할 수 있다.
- 매도자가 향후 운영 시나리오에서 더 많은 위험이 있을 것으로 판단한다.
- 가치 평가 및 운영 등의 다른 측면에 대하여 의견이 동일하다면 오일 및 가스 가격 예측이 양 당사자간에 다르다.
- 매수자가 자산에 대하여 더 높은 전략적 가치를 둔다.
- 매수자가 인근 지역에 운영 사업이 있어서 운영비를 더욱 낮출 수 있다.

매수자 및 매도자의 자산 가치에 대한 인식이 다른 많은 이유들이 있을 수 있으나 위의 요인들이 일반적인 것들이다.

9-3 시장 배수 모형에 따른 자산 인수

「매장량 단위당 가격」, 「일 생산량 단위당 가격」 그리고 「가장 최근 연도의 순현금흐름에 대한 배수」로 표현되는 시장 배수 모형이 일반적으로 생산 자산의 공정가치를 평가하는 데 가장 많이 쓰는 세 가지 방법이다. 예를 들어 다음의 수치들은 1990년대 말 유정 수명의 중반 정도 지나고 적절한 추가개발가능이익이 있는 멕시코 만 연안 및 멕시코 만에 위치한 자산들에 대한 일반적인 시장 가격이다.

- 매장량 BOE당 \$5 - \$7
- 일 생산량 BOEPD 당 \$12,000 - \$18,000
- 3년 내지 5년 간의 현금흐름

2000년과 2001년 사이 가스 가격이 급등함에 따라 이러한 배수들은 전에 없던 새로운 영역으로 진입하게 되었다. 일 생산량 당 이익은 두 배 그리고 어떤 경우에는 세 배가 되었고 과거의 시장 배수들은 예측 기준으로써 유용성을 상실하게 되었다. 가격에 대한 금융 헤지가 있고 시장에 대한 낙관적인 기대 심리가 팽배할 경우 매매를 위한 가격 예측은 크게 소용이 없어진다.

이렇게 급등한 가격은 이례적인 일이 아니라 지속될 것이라 판단되었고 표 9-1, 그림 9-1A 및 9-1B에서 보듯이 시장 배수는 더 높은 범위에서 결정되었다. 1979년부터 1999년까지의 20년간의 BOE당 평균 가격은 $4.52/BOE 이었으나 2004년에는 $5.89/BOE로 증가하였다. 일 생산량 BOE당 평균 가격은 $10,439/BOEPD에서 $24,976/BOEPD로 상승하였다. 특히 일 생산량 단위당 가격은 매장량 단위당 가격보다 더 높이 상승하였는데 그 이유는 다음과 같다.

- 새로운 유정 완결 기술이 발달함에 따라 생산성이 증가하였다.
- 생산 초기의 높은 생산성은 매장량 위험을 낮추고 생산 지연 기간을 단축시켰다.
- 발전된 3차원 탄성파 탐사 자료와 해석능력은 시추 시작을 빠르게 하고 작은 매장량의 탐사도 가능하게 했다.

표 9-1 기간에 따른 현금 거래의 상대적 원가

	1979 - 1999	2000 - 2004
• 매장량 기준		
거래 수	1,402	199
총 인수금액(백만 달러)	58,718	17,869
전체 매장량(백만BOE)	12,998	3,035
평균거래규모(천BOE)	9,271	15,251
평균단가 - $ / BOE	4.52	5.89
• 생산량 기준		
거래 수	749	204
총인수금액(백만 달러)	39,095	19,901
전체 생산량(천BOEPD)	3,745	800
평균거래규모(BOEPD)	5,000	3,922
평균단가 - $ / BOEPD	10,439	24,876

(*) 일반적으로 매장량은 확인 매장량을 의미함

그림 9-1A 및 그림 9-1B 기간에 따른 매장량 및 생산량 단위당 가격 비교

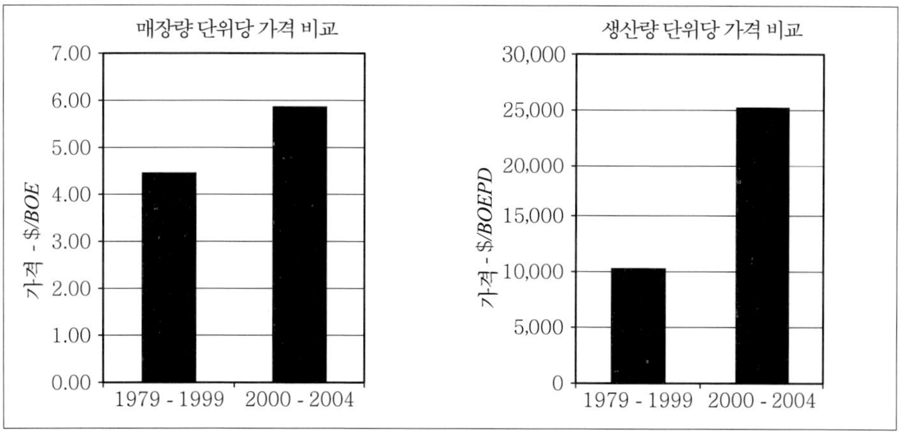

1990년대 후반부터 시장 배수 자료가 공개되었다. 일반적으로 대규모 거래의 경우 시장 배수 계산에 필요한 자료들이 주석에 표기된다. 거래 건수의 대부분을 차지하는 소규모 거래들은 주목할 만하지도 않았고 시장 배수 계산에 필요한 자료들을 모두 공개하는 경우가 드물었기 때문에 자주 보고되지 않았다.

표 9-2 예시에서 보듯이 시장 배수들은 매우 다양하다. 많은 요소들로 인하여 매장량 배수, 현재 생산량 배수 그리고 예상 현금흐름 배수가 달라질 수 있다.

비우량 자산 매도자는 시장 배수가 자산의 가치를 대표한다고 가정하는 것을 주의해야 한다. 많은 비우량 자산은 양(+)의 현금흐름을 가지고 있긴 하지만 수명 종료시의 복구비용 때문에 자산의 현재가치는 매우 작다. 이러한 자산들은 낮은 가치 때문에 매수자의 고려 대상이 되지도 않는다. 이런 특징을 가진 거래가 헤드라인을 장식하는 경우는 드물고 매도가격이 $0에 가까우므로 배수는 영에 가깝다.

표 9-2 시장 배수의 계산

유전 특징	시장 배수	시장 가치
생산 : 500 BOEPD	BOEPD 당 12천 달러 ~ 18천 달러	6백만 달러 ~ 9백만 달러
매장량 : 1백만BOE (5년 이상의 가채 연수)	BOE당 5달러 ~ 7달러	5백만 달러 ~ 7백만 달러
현금흐름 : 연간 1.5백만 달러 (BOE 당 8달러의 이익)	3년 ~ 5년	4.5백만 달러 ~ 7.5백만 달러

그림 9-2 가채 연수 및 매각 가격과의 관계

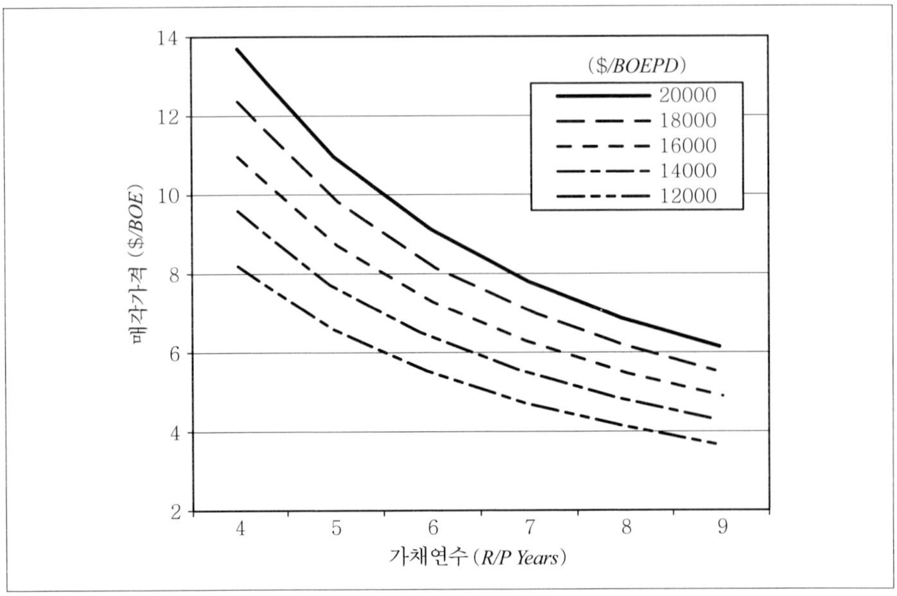

그림 9-2는 매장량 단위당 가격과 가채연수(매장량 R 나누기 연 생산량 P, 일반적으로 R/P 라고 한다)간의 관계를 보여준다. 그림에서 각 선은 매장량 단위당 가격 변화에 따른 다양한 가격을 보여준다. 이는 회수율(R/P 비율)이 어떻게 매도 가격에 영향을 주는 지를 보여준다. 매장량의 회수가 빠를 수록(매장량이 같다면 일 생산량이 많아 R/P가 작을 수록) 매장량 당 가격은 더 비싸진다. 이는 생산 기간이 짧아지고 매장량의 회수 불확실성이 낮아지기 때문이다. 또한 가채 연수(유전 수명)가 같다면 매장량 품질(생산량 당 가격)이 감소할 수록 매장량 당 거래 가격 또한 감소하는 것을 보여준다. 마찬가지로 매장량 당 가격이 같다면 가채 연수(유전 수명)가 증가할수록 생산량 당 가격은 증가한다.

그림 9-3에서는 낮은 감쇄율을 가지고 있는 Permian Basin과 높은 감쇄율을 가지고 있는 멕시코만 자산의 시장 배수의 변화를 보여준다.

그림 9-3 시장 배수의 비교

	Permian Basin(*)	Gulf of Mexico(**)
매장량	5.0 백만 bbl	5.0 백만 bbl
연간 생산량	0.5 백만 bbl	1.0 백만 bbl
매각 가격	25 백만 달러	35 백만 달러
R/P	10	5
BBl 당 매각 가격	5 달러/bbl	7 달러/bbl
BOEPD 당 매각 가격	18,250 달러/BOEPD	12,780 달러/BOEPD

(*) Permian Basin : R/P 가 10년이면 투자금을 회수하는 데 오래 걸리므로 매장량 단위당 가격은 5 달러/bbl 로 낮으며, BOEPD당 가격은 높다.

(**) Gulf of Mexico : R/P 가 5년이면 투자금을 회수하는 데 짧게 걸리므로 매장량 단위당 가격은 7 달러/bbl 로 높고, BOEPD당 가격은 낮다.

어떠한 자산이 당신의 포트폴리오에 맞는 자산인가?

이 사례는 동일한 매장량이라 할지라도 연간 생산량이 높은 자산이 연간 생산량이 낮은 자산에 비하여 매장량 단위당 가격이 더 높으나 일 생산량당 가격은 낮다는 것을 보여준다. 하나의 매매를 통해서 다른 자산의 거래 시장 배수를 추론할 때 그 자산의 이해를 위해서 최대한 많은 정보를 수집하여 이해하는 것이 중요하다.

거래 완료 시점에서 시장 배수는 흔히 예측 목적으로 사용된다. 이러한 예측을 할 때는 상당한 주의가 필요하다. 시장에 공개된 자산의 특성과 거래하려는 자산과의 차이를 검토하여 공개된 자료를 적절하게 변환시켜서 사용해야 한다. 흔히 탐사 자산, 중류 부문(Midstream) 자산, 하류 부문(Downstream) 자산 또는 우호적인 장기 계약 건이 포함된 미 생산 자산은 시장 배수를 상승시키고 그와 같은 시장 배수는 유사하지 않은 자산 거래에서는 사용하기 어렵다.

9-4 역사적 시장 배수

일반적으로 규모가 큰 거래일수록 BOE 당 더 많은 가격을 지불한다. 규모가 아주 큰 거래는 더 좋은 유전, 더 많은 매장량, 시간이 지나면서 증가할 가능성이 높은 매장량 그리고 추가탐사개발가능성을 보유하고 있을 가능성이 높다. 표 9-3은 최소 1,000만 달러 이하부터 최대 1,000억 달러 규모의 거래 통계이다. 표에는 1980년부터 보고된 3800개의 모든 거래를 담고 있다.

100억 달러 이상의 엄청난 규모의 합병에서의 평균 거래 가격은 BOE 당 19.88 달러였다. 1,000억달러 규모의 거래에서 1억 달러 규모의 거래까지 상위 3개 범주의 거래가 전체 거래 수의 12%를 차지했다. 그러나 전체 거래 금액의 93%, 전체 거래 매장량의 86%가 상위 3개의 범주에 속해 있다. 거래 규모가 1,000만 달러 이하로 내려감에 따라 BOE 당 거래 가격은 $4.89까지 내려갔다. 이러한 배럴당 가격의 범위를 고려할 때 앞에서 언급한 전략적 가치는 인수 합병 가격에 상당한 영향을 미치는 것으로 분석된다.

표 9-3에서 언급된 각각의 거래들을 그림 9-4와 같이 누적 분포로 나타내었다. 이러한 거래 규모의 부드러운 곡선 분포에서 보듯이 전체 거래 수의 75%가 1백만 달러에서 1억 달러 사이에 위치하는 것을 알 수 있다.

표 9-3 거래 규모별 매매 통계

거래 종류	가격 범위	거래 개수 분포		거래 규모 분포	
	십억 달러	개수	%	십억 달러	%
Mega mergers	100 ~ 10	9	0%	305	46%
Large mergers	10 ~ 1	60	2%	206	31%
Mega deals	1 ~ 0.1	399	11%	110	17%
Big deals	0.1 ~ 0.01	1275	34%	40	6%
Small deals	0.01 ~ 0	2056	54%	6.8	1%
합 계		3799	100%	667.8	100%

거래 종류	가격 범위		매장량 기준 분석	
	십억 달러	십억 BOE	구성 비율	$/BOE
Mega mergers	100 – 10	15.3	31%	19.88
Large mergers	10 – 1	16.6	34%	12.43
Mega deals	1 – 0.1	11.4	23%	9.65
Big deals	0.1 – 0.01	4.4	9%	9.08
Small deals	0.01 – 0	1.4	3%	4.89
합 계		49.1		13.6

(*) 1980년부터 2003년 6월까지 자료

그림 9-4 거래 규모의 분포

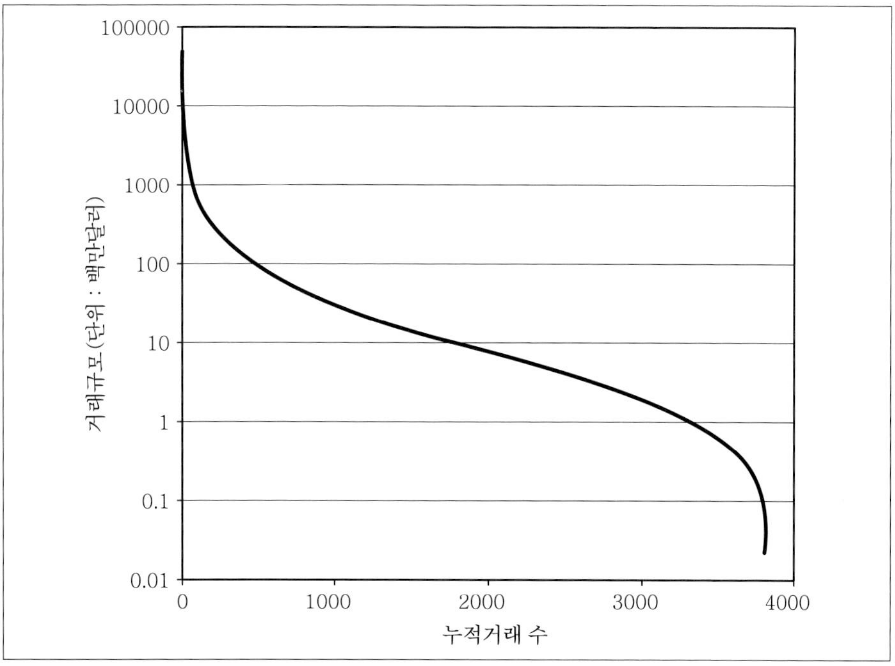

9-5 운영 관련 이슈

비록 매장량과 수익성을 정의하는 수치는 매수자가 자산을 평가함에 있어 매우 중요한 부분이지만, 자산 운영의 특징도 인수 가격의 결정과 지속적 인수 추진 여부 등에 중요한 영향을 미친다. 자산 운영의 복잡성에 대해 반드시 숙지해야 하고 경영진과 협의해야 한다.

기존 운영 상의 질적 요소를 파악하는 것이 중요하다. 현재 운영사의 전문성, 평판, 자본 지출의 효율성 그리고 환경 규제에 관한 대처능력, 최소 요구 수익률에 대한 명확한 기준 그리고 비용을 절감하려는 노력에 대해 확인하는 것이 필요하다. 특정 지질 지역에서 최고인 운영사보다 더 효율적으로 운영할 수 있다고 가정하는 것은 합리적 추정이 아니다. 역으로 말하면 매우 비효율적인 운영사로부터 자산을 인수하는 것은 높은 수익률을 얻을 수 있는 기회가 될 수도 있다.

제10장 가격 결정

10-1 가격 결정 요인
10-2 유전 패키지 거래
10-3 민감도 분석
10-4 유가
10-5 매장량 증가

유전 투자의 이해

[제10장 가격 결정]

10-1 가격 결정 요인

유전자산의 매각 가격을 결정하는 다양한 유무형 요인이 있다. 이러한 요인들은 매각자산과 직접적인 관련이 있을 수도 있으며 매수자의 상황, 매각거래에서 금융의 역할과 기능, 마케팅 관련 이슈 등과도 관련될 수 있다.

일반적으로 매각 가격에 긍정적 영향을 주는 요인들을 보면 다음과 같다.

- 사업 지분(working interest) 대비 순 이익지분(net revenue interest) 비율이 높은 경우 (로열티가 낮은 경우)
- 매장량(reserve volume)과 가채 연수(reserves to production ratio)가 큰 경우
- 탐사 자원량(potential volume) 대비 확인 매장량(proved reserve volume)의 크기가 큰 경우
- 회수율을 극대화시키기 위한 위험과 투자금이 작을 경우
- 생산물의 판매가격이 안정되거나 상승할 경향이 있는 경우
- 생산량(production rate)이 안정되어 있거나 감쇄율(decline rate)이 상대적으로 낮을 경우
- 생산량 위험(production volume risk)이 낮은 경우(생산정간 편차가 크지 않은 경우)

- 매장량 위험(reservoir volume risk)이 낮은 경우(지역간 편차가 크지 않은 경우)
- 추가 이익 가능성(upside potential)이 높고 단기간 내에 탐사 가능한 경우
- 생산비(lifting cost)가 낮은 경우
- 생산기간이 긴 경우
- 생산을 위한 시설물이 양호한 경우
- 더 깊은 지층에 대한 시추권이 거래에 포함되어 있는 경우
- 폐공 비용이 낮고 폐공까지 충분한 생산기간이 남아 있는 경우
- 생산물 판매를 위한 마케팅이 용이할 경우
- 환경과 법률 관련 위험이 낮은 경우

매수자의 할인율(discount rate)은 인수가격 산정에 큰 영향을 미친다. 할인율은 제안가격과 반비례관계에 있다. 즉, 할인율이 높을수록 제안가격은 낮아진다. 비록 할인율과 유전가격의 관계가 간단해 보이지만, 매수자 입장에서는 적정한 할인율을 산정하고 적용하는 것이 쉬운 작업은 아니다. 그 이유는 어떤 회사들은 현금흐름의 위험을 반영하여 높은 할인율을 사용하나 다른 회사들은 매장량 위험을 무릅쓰고 낮은 할인율을 적용한다. 철저한 매장량 및 경제성 분석이 없다면 어떤 회사든 인수를 위한 분석에서 할인율을 산정하는 것은 매우 어렵다.

매수자의 상황에 따라 매수자의 공격적 성향은 다르게 나타날 수 있다. 만약 핵심 지역을 인수할 수 있거나 기존 운영 자산의 경쟁 우위를 얻을 수 있다면 매수자는 다른 상황일 때보다 더 높은 가격을 지불할 용의가 있을 것이다. 또한, 자산을 매입하는 것이 언론에 긍정적 기사가 날 수 있거나 회사의 기업공개에 중요한 역할을 할 경우에도 매수자는 그러한 시너지 효과를 위해 높은 가격을 제시할 수 있다.

매수자가 시추 시점, 절차, 리스 선택, 리스 비용 등을 결정할 수 있는 운영권을 획득할 수 있는 경우 운영권이 없는 경우보다 더 높은 가격을 제시할 수 있다. 비운영권자(non-operator)는 보유한 자산에 대한 정보 및 통제력이 없기 때문에 운영권을 가지고 있는 지분에 비해 낮은 가격에 거래가 이루어지는 것이 일반적이다. 그러나 어떤 회사들은 간접비가 낮기 때문에 비운영권 지분만 참여한다. 이런 회사

들은 인수하기 전에 운영권자를 철저하게 분석하며 그들과 신뢰관계를 구축하고 있다.

매수를 위한 자금 출처는 회사별로 다양하다. 메자닌 파이낸싱(mezzanine financing)을 통해 자금을 조달하는 회사는 높은 이자를 지급해야 한다. 메자닌 파이낸싱을 할 경우 수익성이 떨어질 수 있으므로 이를 고려하여 분석해야 한다. 메이저 회사들은 인수를 위하여 더 우호적이고 비용이 낮은 회사 내부 자금을 선호한다.

매수자가 선호하는 자산 중의 하나는 매수하는 자산으로부터 창출되는 현금흐름을 활용하여 투자를 할 수 있는 자산이다. 인수 전보다 생산량을 늘리는 시추 및 유정 작업을 외부 자금 조달 없이 할 수 있다면 그 자산은 매우 매력적인 자산이다.

10-2 유전 패키지 거래

많은 유전들을 하나의 패키지로 거래할 경우에는 앞서 살펴보았던 가격결정 요인들보다 더 많은 사항들을 고려해야 한다.

예를 들어 패키지 가치의 대부분을 차지하는 하나의 우량 유전과 고갈시점에 이른 나머지 비우량 유전을 구분하기 위해 유전 별로 분석해야 한다. 만약 비우량 광구를 따로 떼어낼 수 없고 매수자가 그러한 자산 인수를 원하지 않는다면 우량자산의 매력은 다른 자산의 영향으로 떨어질 수 있다.

반대의 경우로, 좋은 자산들로만 구성된 패키지일 경우 많은 잠재 매수자의 관심을 받아 높은 가격에 거래가 이루어질 수 있다. 하지만 이런 경우는 흔하지는 않다.

패키지 거래의 다른 측면은 패키지의 가치를 분석하기 위한 시간이 각각의 단일 자산을 평가할 때 드는 시간의 합보다 더 많이 필요하다는 점이다. 이러한 작업을 위해서는 좀 더 많은 시간과 비용이 필요하다. 특히 매도자가 이러한 작업을 수용하기에 충분한 시간을 가지고 있지 않을 경우 거래가 이루어지기 힘들다. 이러한 경우 최소한 패키지 중에 주요 핵심자산은 철저하게 분석할 수 있도록 초반부터 분석 팀이 조직되고 관리되어야 한다. 비우량 자산이라도 위험과 폐공비용에 대해서는 철저하게 분석되어야 한다.

10-3 민감도 분석

비록 많은 변수들이 경제성 분석에 영향을 미치지만 그래도 그 중에서 더 큰 영향을 미치는 변수가 있고 이 변수는 다른 변수들보다 더욱 정확하게 다루어 질 필요가 있다. 가장 중요한 변수는 확인 매장량(proved reserves)과 예상 생산량이며 추정 매장량(probable reserves)과 가능 매장량(possible reserves)의 추가 이익 가능성(upside potential)도 중요한 변수이다. 비용도 중요한 변수이지만 사업성 평가 시 위의 요소만큼 중요하지는 않다.

아래 예시는 변수의 변화에 따른 상대적 효과를 보여준다. 관련된 변수들을 보면,

- 현재 유전은 600 BOEPD를 생산하고 있고 생산량은 매년 20%씩 감쇄한다. 매장량은 1,000,000 BOE이다.
- 첫 해에 $750,000 의 투자비가 든다.
- 매년 $50,000 의 운영비가 든다.
- 유전의 현재가치는 $5,300,000이다.

그림 10-1은 각 요인들이 유리한 방향으로 20% 변할 경우 현재가치의 변동을 보여주고 있다. 보는 바와 같이 매장량, 생산량, 투자비, 운영비의 순으로 가장 민감도가 높은 것으로 나타난다.

그림 10-1 주요 평가 변수의 민감도

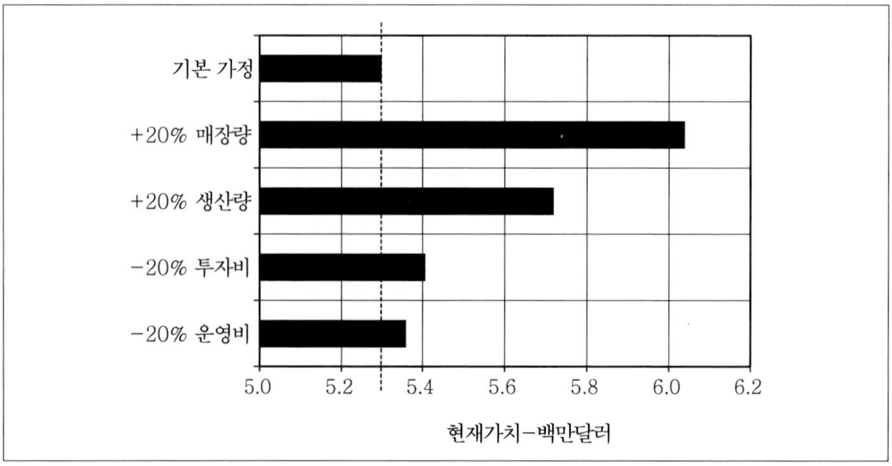

그림 10-1에서 보는 바와 같이 일반적으로 평가중인 자산이 탐사 및 평가(delineation) 이후 단계라면 어떤 자산이든 민감도 순서는 큰 차이가 없다. 높은 매장량과 높은 생산량을 확실하게 보여줄 수 있는 매도자가 거래에 성공할 수 있다. 반대로 매수자의 경우 경쟁력 있는 할인율과 가격을 써낼 수 있다면, 자산을 인수할 가능성은 높아진다. 만약 잠재 매수자가 매장량 가치에 큰 비중을 두지 않고 기존 운영자산과의 시너지로 인한 운영비 절감 효과를 높게 평가하고 인수에 응한다면, 운영비 절감 효과만 가지고는 추가개발가능이익을 보고 인수에 응하는 경쟁자를 이기기가 어려울 것이다.

20% 변동은 예시에 불과하며 인수 후 상황에 따라 매장량, 생산량 또는 비용은 그 이상 변동할 수 있다. 실무에서는 민감도 분석 변수의 변동폭은 20% 라고 임의로 정하기보다는 실제 변수의 특성에 맞게 논리적이어야 하며 가능한 적절하게 사용되어야 한다.

10-4 유가

일반적으로 유가예측은 경제성 분석과 관련 없이 독립적으로 회사 정책에 의해 결정된다. 회사의 장기 유가 전망과 상관없이 역사적 가격 변동 주기를 이해하고 유가가 낮을 때 과감하게 자산을 인수하는 회사는 장기적으로 보면 유리하다.

생산 자산의 인수가격에 가장 큰 영향을 미치는 것은 현재 유가이다. 표 10-1은 1995년부터 2004년 4월까지 거래된 평균 가격수준을 보여주고 있다. 1995년부터 1999년까지는 평균거래가격이 배럴당 4 달러 수준이었으나 2000년부터 2004년까지의 평균거래가격은 배럴당 5.87 달러 수준으로 47% 상승하였다. 이 기간 동안 WTI는 배럴당 18.6 달러에서 27 달러로 48% 상승하였다. 두 상승폭이 비슷한 것으로부터 유전자산 거래가격과 실제 유가 사이에는 양의 상관 관계가 있음을 알 수 있다.

대부분 회사들은 경제성 분석 시 유가가 일정 가격으로 지속될 것으로 가정하거나 낮은 비율로 상승하는 것으로 가정한다. 그러나 분석 기간이 아무리 장기라 할지라도 회사가 생각하는 합리적 수준에서 유가의 최고 가격 수준을 정해 두는 것이 일반적이다. 일반적으로 유가가 상승하면 석유에서 다른 에너지원으로 연료 전환이 발생하여 수요가 감소하거나 탐사 활동이 증가하여 석유 공급이 늘어나게 된다. 이로 인해 수요 감소 및 공급 증가에 따라 상승한 유가는 지속적으로 상승하지 않고 일정 수준에서 하락하게 된다.

표 10-1 유가와 매매 가격 변동폭 비교

구분	매매 자산 규모	매매 매장량	평균 거래 가격	평균 유가
단위	백만 달러	백만 BOE	$/BOE	$/BBL
1995	3,825	968	3.95	
1996	3,555	938	3.79	
1997	9,030	1,985	4.55	
1998	3,266	838	3.90	
1999	2,703	860	3.14	
합계/평균	22,379	5,589	4.00	18.60
2000	3,515	883	3.98	
2001	3,315	405	8.19	
2002	3,459	631	5.48	
2003	6,871	1,021	6.73	
2004(*)	648	96	6.75	
합계/평균	17,808	3,036	5.87	27.60

(*) 2004년 자료는 1/4 분기 자료임

10-5 매장량 증가

매장량 증가 가능성 또한 고려되어야 한다. 오랜 기간 생산 자산의 매장량을 계산해 온 전문가들은 저류층이 클수록 매장량이 증가할 가능성이 높다고 한다. 매장량 증가 가능성은 인수 가격 제안 시 중요한 영향을 미친다.

역사적으로 같은 매수가격이라면 대형 광구의 작은 지분에 투자하는 것이 소형 광구의 대규모 지분보다 수익성이 더 좋았다. 비록 작은 지분이고 운영권이 없다면 통제를 할 수 없는 단점은 있으나 많은 사례를 보건대 그러한 단점을 충분히 보상할 만큼 대형 광구의 매장량 증가 가능성은 통계적으로 입증되었다.

제11장 동종 자산 교환

유전 투자의 이해

[제11장 동종 자산 교환]

자산 매각 시에는 흔히 매각 차익이 발생한다. 회사가 이러한 이익을 다른 매각 손실과 상계할 수 없으면 세금을 내야 한다. 만약 상계 가능한 매각 손실이 없을 경우 절세(과세 이연)할 수 있는 방법은 다른 동종 자산과 보유 자산을 교환하는 방법이 있다. 이러한 거래는 동종자산 교환거래라고 한다.

이러한 기회를 활용하기 전에 다음과 같은 미국 국세청의 규제들을 고려해야 한다.

- 단일 법인 실체(single legal entity)를 매각, 이전하고 동종 자산을 받아야 한다.
- 법인 실체와 자산은 미국에 있어야 한다.
- 실제 자산 교환이 있어야 한다.
- "동종"의 의미는 자산의 기본 특징을 의미하는 것이지 동일한 질을 의미하는 것이 아니다.
- 매각대금은 매도자에게 지급되지 아니하고 에스크로 계좌에 예치한다.
- 매도자는 자산 매각 후 45 일 내에 매수 자산을 지정하여 신고해야 한다.
- 신규자산의 매수가격은 에스크로 계좌에 예치된 금액보다 높아야 한다.
- 에스크로 계좌와 면허를 보유한 중개인에게 선택한 자산의 이름을 알려주어야 한다.

- 신규 자산은 자산 매각 후 180일 이내에 취득하여야 한다.
- 보유 자산 매각 후 180일 이후에 에스크로 계좌에 남아있는 돈은 다시 회사가 가져가며 그 금액에 대해서는 매각 차익으로 보아 세금을 내야 한다.

거래에서 세금 납부를 이연하거나 세금 납부를 하지 않을 수 있다면 인수를 더욱 공격적으로 추진할 수 있게 된다. 동종 자산 교환을 통해 자산을 매수하는 회사가 지불할 수 있는 가격은 일반적인 자산 매수의 경우보다 높다. 그림 11-1에서 동종 자산 교환 방식이 회사 가치를 증가시킨다는 것을 보여준다.

그림 11-1 동종 자산교환을 통한 절세와 매장량 보유

(단위 : 백만 달러)

동종자산 교환 없이 매각		동종자산 교환을 통한 매각	
매각 대금	3.0	매각 대금	3.0
세무상 장부가액	1.0	세무상 장부가액	1.0
세무상 자본 이득	2.0	동종자산 매입 (매각대금을 이용)	3.0
세율	35%		
세금	0.7	세금	없음
이익	2.3	신규 취득 자산 가치	3.0

동종 자산 교환 없이 자산을 매각하였을 경우에는 2.3 백만 달러 의 현금이 남게 되고 자산 매각 후 동종 자산을 매입하게 되면 3.0 백만 달러의 동종 자산을 보유하게 된다. 회사가 현금이 반드시 필요한 경우를 제외하고는 자산을 매각할 때에는 동종 자산 교환이 항상 유리하다.

제12장 신규 발견 유전의 거래

12-1 특징
12-2 매각 이유
12-3 매수자의 평가
12-4 심해 유전 사례

유전 투자의 이해

[제12장 신규 발견 유전의 거래]

12-1 특징

신규로 발견된 유전은 생산 유전 거래 시장에서는 매우 특이한 자산에 해당된다. 이 경우, 어떠한 생산감퇴곡선도 존재하지 않으며, 생산정 압력 곡선(flowing tubing pressure plot)이나 과거 운영비 내역도 존재하지 않기 때문에 이를 근거로 하여 미래를 예측하기가 매우 어렵다. 따라서 인근에 유사한 특성을 가진 유전으로부터 특성을 유추하여 향후 유전의 생산이나 비용 등을 최대한 추정할 수밖에 없다. 유전의 수명 주기 중 이 단계에 속하는 유전은 여러 가지 면에서 불확실성과 위험 요소가 존재한다. 이러한 유전의 불확실성 및 위험 요소를 상쇄시키는 것은 추가 이익 가능성(upside potential)이다.

생산 초기에는 생산량, 궁극 가채량(EUR, Estimated Ultimate Reserve), 탐사 및 개발 비용 그리고 생산물 최적 판매 방안 등은 추정에 불과하다. 이러한 어려움은 매수자뿐만 아니라 매도자도 동일하다.

12-2 매각 이유

회사들이 신규 유전을 발견하는 것이 상당히 어렵지만 신규로 발견된 유전의 전부 또는 일부를 매각하는 데에는 다음과 같은 것을 포함한 재무적인 이유들이 있다.

- 광구를 개발하는 비용이 너무 과도하여 자신의 지분에 해당되는 비용을 감당하기 어렵거나 매도자가 단독으로 위험을 부담하기에는 회사 규모가 작은 경우
- 매도자가 현재까지 시추한 유정의 시추 성공으로 기 투자비를 충분히 회수한 경우
- 매도자에게 더 좋은 투자 기회가 존재하여 자신의 자금과 인력을 다른 프로젝트에 집중하고자 하는 경우

때로는 회사가 만족하는 수준까지 위험이 정량화되지 못하고 관리되지 못하는 경우에도 발견된 유전의 일부 또는 전부를 매각하게 된다. 신규 발견 유전의 위험 요소를 언급하면 다음과 같다.

- 저류층의 연속성이 부족하거나 유망구조(prospect)에 대한 이해가 부족할 위험
- 저류층의 규모는 작으나 고려할 사항이 많을 위험
- 유가 또는 가스가격이 낮아서 개발을 하더라도 이윤이 적을 위험
- 개발에 첨단 기술이 필요하여 이에 따른 기술적인 어려움이 있을 위험

이러한 위험 요소가 있음에도 불구하고 몇몇 매수자들은 아래와 같은 이유로 인해 신규 발견 유전에 대해 관심을 보인다.

- 유전이 발견되었다는 사실만으로도 탐사에 수반되는 위험이 상당 부분 해소된다
- 초기 생산 시 높은 생산량으로 인해 양호한 현금 흐름을 실현할 수 있다.
- 상당한 추가 이익 가능성(upside potential)이 있다 하더라도 이 단계의 유전에서는 그에 대한 프리미엄이 그다지 높지 않기 때문에 매수 가격이 합리적이다.

12-3 매수자의 평가

매수자가 직면하는 또 다른 불확실성 중 하나는 공동 소유자(co-owner)가 우선 매수권 (preferential right to purchase) 을 행사함으로써 매수자가 거래를 하지 못할 가능성이 있다는 점이다. 기존 계약서에 우선 매수권 조항이 있는 경우, 공동 소유자는 매각을 원하는 한 당사자의 지분을 잠재 매수자와 협상한 동일한 조건 하에 우선 매수할 수 있는 권리가 있다. 따라서 운영 계약서 등에 이 조항이 존재하는

경우에 매수자는 다른 참여사가 이 권리를 행사할 수도 있다는 점을 감안하여 매입을 위한 시간과 비용을 들여야 할 것이다.

생산 유전의 시장 배수에 비하여 신규 발견 유전의 시장 배수는 매우 낮은 편이다. 그 이유는 다음과 같다.

- 발견된 유전을 실제 생산 단계로 진입시키기 위한 자금을 유전 매입원가가 아니라 일회성 비용으로 생각한다.
- 발견된 유전으로부터 실제 생산에 도달하기까지는 일정시간이 지나야 하므로 미래 생산량에 따라 유입되는 현금흐름의 현재가치는 현재 생산되고 있는 광구에 비해 낮을 수밖에 없다.

생산 유전 시장 배수와 신규 발견 유전의 시장 배수 사이의 계산의 균형을 맞추기 위한 첫 단계로서 현금인수가격에 예상 투자비를 더하여 신규 발견 유전의 매각 시장 배수를 계산할 수 있다. 이러한 조정을 통해 완전하지는 않지만 생산 유전과 신규 발견 유전의 시장 배수를 비교해 볼 수 있다.

12-4 심해 유전 사례

멕시코만 심해 유전의 경우 평가 전, 개발 결정 전 또는 첫 생산 전에 매매가 이루어지는 경우가 많다. 높은 투자비 및 높은 위험과 회사 전체 포트폴리오 및 전략과의 조화를 이루기 위해 신규 발견 유전의 일부를 매각하는 것은 일반적이다. 그림 12-1은 현재까지 투자된 비용을 보여주고 이러한 경우 신규 유전을 발견한 회사가 고려할 수 있는 방법을 보여준다.

그림 12-1 멕시코만 심해 유전 발견 관련 기 투자비 내역

리스 취득비용	$ 500,000
탄성파 탐사, 지질학적, 지구물리학적 탐사 비용	$ 1,500,000
탐사정 시추 비용	$ 10,000,000
기 투자비 합계	**$ 12,000,000**

예를 들어서 탐사 시추를 통해 5천만 배럴을 발견하였다고 가정해 보자. 최종 매장량 규모와 최종 개발 계획에 의한 생산 계획에 따라 다르겠지만 대략적으로 BOE 당 0.5달러 ~ 1.0달러를 적용하면 이 프로젝트의 가치는 25백만 달러 ~ 50백만 달러의 가치가 있다.

이러한 가정 하에 매도자의 옵션은 다음과 같다.

- 광권 전체 매각 : 매도 가격은 기 투자비의 2~3배가 되어야 한다.
- 광권 일부 매각 : 신규 참여사는 지분 취득의 대가로 신규 시추공 투자비뿐 아니라 심지어 그에 대한 생산성 시험비도 부담해야 한다 (위험도나 잠재성에 따라 차이는 있지만, 일반적으로 1/3 ~ 1/2 정도를 매각한다)
- 현재 지분 유지 : 신규 시추공에 대해 회사가 전적으로 부담하여 투자함으로써 광구에 대한 전적인 통제력, 소유권, 잠재력, 위험 요소 등을 계속 보유한다. 이후 추가 시추 결과가 실패로 판명되거나, 유전의 개발 경제성이 없다고 판단되는 최악의 상황에 직면할 수도 있다. 반대로 예상했던 결과가 도출되거나 오히려 이보다 더 나은 결과가 도출된다면 광구의 가치는 두 배 이상 상승할 수도 있다.

제13장 제안의 설계

13-1 선택과 대안
13-2 가치의 평가
13-3 전략적 가치
13-4 패키지 매각 사례

유전 투자의 이해

[제13장 제안의 설계]

13-1 선택과 대안

비록 매수 제안에 있어서 가장 중요한 구성 요소는 매수 제안 가격이지만, 다른 많은 요인들이 매수 제안의 매력도에 영향을 미친다. 매수자에게는 매도를 원치 않는 매도자를 설득할 수 있는 다양한 인센티브가 있다. 일반적으로 그러한 인센티브들은 매수자 이윤의 일부를 포기해야 하는 경우도 있으나 매수자 및 매도자가 상호 이득이 될 수 있도록 공정하게 거래가 완료될 수도 있다. 매도자에게 제공할 수 있는 인센티브는 다음과 같다.

- 유가가 사전에 결정된 가격 상한을 상회할 경우 매도자와 유가 상승 이익 공유
- 탐사 활동이 성공할 경우 우선적 로열티 지분(overriding royalty interest) 제공
- 매도자가 유정 폐쇄 시 부담할 수 있는 의무 면제

많은 경우 매수자는 목표 자산 소유자와 오랜 관계를 가지고 있어서 서면 제안하기 전에 대상 유전에 대해 논의를 한다. 때로는 어쩔 수 없는 상황으로 인해 잠재적 매도자가 자산을 매각하지 않을 수도 있다는 것을 확인할 수 있으며 전화 한 통화로 양 당사자는 상당한 양의 업무로부터 해방되기도 한다. 다른 경우로 만약 매도자가 제안에 관심이 있으면 매수자에게 원하는 조건 및 원하지 않는 조건을 전달하게 되고 매수자는 초기 서면 제안에서 이를 고려할 수 있게 된다. 서면 제안이 이루어지고 나면 입장을 거두기가 어렵다. 따라서 구두 대화가 공식적 서면 제안 보

다 먼저 이루어 진다면 다른 잠재적 문제들이 사전에 해결될 수도 있다.

흔히 매수자들은 거래를 위한 자금 모집을 필요로 한다. 대부분의 매도자들은 이러한 조건을 필요로 하는 매수자들과 협상을 하는 것을 꺼려한다. 왜냐하면 거래 완료를 하려면 상당한 시간과 노력이 필요하기 때문이다. 그리고 경우에 따라서는 자금 부족으로 거래 완료가 되지 않을 가능성도 있다. 재무적 투자자가 자산의 가치 검토를 완료하기 전까지는 매장량에 대해 합의된 매각 가격을 도출 할 수가 없다. 만약 최초 제안에서 매수자가 환불되지 않는 보증금을 낼 경우 매도자는 설사 자금 조달 문제로 거래가 완료 되지 않더라도 매도자는 보증금을 가져갈 수 있기 때문에 안심할 수 있게 된다.

매도자는 매수자가 거래를 파기할 수 있다는 의심이 들 때 보증금을 매수자에게 요구하기도 한다. 만약 매수자가 자산 매수 시 환불 불가능한 보증금을 제안하고 보증금이 몰수될 수 있는 위험을 감수한다면 매수자는 거래의 진정성을 표현하는 것이다.

많은 자산 매각의 경우 성숙기에 접어든 유전이 포함된다. 이러한 종류의 자산을 건강한 자산으로 재개발하려는 목적을 가진 매수자는 충분한 인력과 자본을 투입할 준비를 한다. 인수 및 후속 재개발 계획은 상당히 높은 수준의 위험을 가지고 있다.

이러한 경우 만약 대상 자산에 공동 소유자가 있다면 잠재 매수자는 거래 완료를 위해서 모든 공동 소유자의 지분도 인수할 것을 요구할 것이다. 만약 자산 100% 지분을 인수할 수 없다면 매수자는 자산 인수를 포기할 것이다. 왜냐하면, 매수자는

- 재개발 프로그램 범위 및 시점을 통제하길 원하기 때문이다.
- 단위당 비용을 낮추기 위해 자원과 간접비를 전체 유전에 배분하기를 원하기 때문이다.
- 광구 재개발에 자금을 투자하기를 원하지 않는 공동 소유자와 함께 운영하는 것을 원하지 않기 때문이다.

만약 매수자가 새롭게 취득한 자산을 성공적으로 재개발시킨다면, 인근 지역에 유사한 자산을 추가로 취득하려는 시도가 이어질 수 있다. 만약 매수자의 전문 기술 및 정보가 성공적으로 적용되어 낮은 위험으로 높은 이익을 거둘 수 있다면 재개발을 한 번 더 시도해 볼 것이기 때문이다.

13-2 가치의 평가

자산을 사고 파는 많은 과정은 상당히 유동적이고 상황마다 다르나 자산 평가는 거래마다 일관되어야 한다. 매장량 정의, 매장량 종류별 내재적 위험 그리고 과거 경험 및 예상을 바탕으로 한 비용 분석 등을 종합하는 표준적 방법론이 필요하다.

오일/가스 가격 및 그 상승률은 상대적으로 논리적 근거가 약한 분석 변수이다. 이러한 요소들은 오일/가스 가격 추정을 전문으로 하는 분석가들이 가장 정확한 예상을 한다.

매장량의 위험은 기술적 노하우 및 경험을 결합하는 것이다. 매장량 평가는 표준 증권거래위원회(SEC) 매장량 분류 정의를 사용하여 분류할 필요가 있다. 이는 매장량 평가를 일관성 있게 해주고 업계, 은행 및 컨설턴트와 일관된 인식을 바탕으로 의사소통을 가능하게 해준다.

매장량 위험 조정 계수는 2003년 초에도 석유평가공학자회(SPEE)가 산업 전반에 걸친 설문을 통해 발표되었다(표13-1 참조). 이러한 설문은 「Survey of economic parameters used in property evaluation」이라 하고 이는 22년 동안 매년 출판되고 있다. 이 설문은 생산자, 컨설턴트, 은행 그리고 정부 기관들에게 평가변수를 조사한다. 매장량 분류에 따른 조정 변수는 매년 일관되게 적용되어 왔다.

표 13-1 매장량 위험 조정 계수

	유전 인수 회사 입장	은행 입장
Proved producing	100%	100%
Proved shut in	85%	78%
Proved behind pipe	75%	75%
Proved undeveloped	50%	50%
Probable producing	34%	0%
Probable behind pipe	25%	0%
Probable undeveloped	20%	0%
Possible producing	3%	0%
Possible behind pipe	0%	0%
Possible undeveloped	0%	0%

(*) 상기 값은 중앙값(median) 임

위의 표는 인수회사와 은행 간의 보수적 인식 차이를 보여준다. 이러한 차이를 이해하면 매수를 위해서 자금 조달이 필요한 경우 매수자와 매도자간에 거래 완료가 더욱 쉬워진다. 표에서 보는 바와 같이 추정 매장량(probable reserves)은 일반적으로 대출 담보가 되지 못한다. 그러므로 매수자들은 이러한 추정 매장량(probable reserves)지역이 확인 매장량(proved reserves) 상태의 매장량으로 분류될 수 있는 자료를 수집한다.

또한 만약 100건의 평가가 이루어진다면 52건은 위험 계수 반영 전 예상 생산량에서 발생하는 현금흐름을 할인하는 데 위의 설문에서 발표한 매장량 위험 조정 계수를 적용하며 나머지 48건은 생산 계획을 하기 전 매장량을 할인하는 데 매장량 위험 조정 계수가 적용된다. 자산마다 분석 방법이 다양하므로 매매를 위한 분석은 매 거래마다 매장량 분류에 일관성을 유지하는 것이 중요하다.

분석 목적에 따라 매장량 분류 시에는 각기 다른 위험 요소들을 고려해야 한다. 그림 13-1에서는 회사를 매각하기 위해 매장량을 분석할 때와 은행이 대출액 산출을 위해 매장량을 분석할 때에 고려해야 하는 위험 요소들의 차이를 보여준다.

자산 가치를 산정할 때 가장 일반적으로 사용되는 방법은 SPEE 응답자의 86%가 사용하는 현금흐름할인법이다. 설문에 의하면 미래 현금흐름을 할인하는 평균 할인율은 10.7% 이다.

매년 석유평가공학자회(SPEE) 설문에서는 기존에 논의되지 않았던 많은 중요한 변수들을 발표한다. 그들은 유가 상승율, 운영비와 시추비, 인플레이션, 할인율 및 차입이자율에 대한 의견을 발표한다. 통계적으로 볼 때 이러한 설문 결과에 근거한 평가는 자산 인수에 대부분 성공하지 못하였기 때문에 어떤 이는 자산 인수에 성공하기 위해서 평가에 적용하는 변수를 설문 결과보다 더 공격적으로 가정한다. 이러한 이유로 입찰에 성공하기 위해 자산의 전략가치 또는 투자가치를 포함하여 공격적으로 가치 평가하는 경우를 제외하고 위의 설문 결과는 시장 공정가치를 계산하기 위한 좋은 벤치마크가 될 것이다.

그림 13-1 위험에 대한 인식에 따른 매장량

	위험 계수 미반영 매장량(unrisked)	위험 계수 반영 매장량(risked)			
		매도자(*)		대출기관	
	천 BOE	위험 계수 (risk) %	천 BOE	위험 계수 (risk) %	천 BOE
Proved production	2,000	100	2,000	100	2,000
Proved shut-in	1,000	85	850	78	780
Proved undeveloped	800	50	400	50	400
Probable production	2,000	34	680	0	0
Totals	5,800	–	3,930	–	3,180
% of total	100%	–	68%	–	55%

(*) SPEE 설문의 매장량 위험 계수 반영 매장량

4종류의 매장량에 대한 위험 인식 차이로 인해 매도자가 평가한 매장량 3,930 MBOE 와 매수자의 은행이 평가한 매장량 3,180 MBOE 간에는 750 MBOE 만큼 차이가 난다. 만약 은행이 담보로 인정하지 아니한 750 MBOE 에 대해서도 매도자가 BOE 당 3 달러의 가격을 제시한다면 매수자는 해당 자산을 매입하기 위해서는 은행에서 대출해 줄 수 있는 자금에 추가로 750 MBOE×3달러/BOE = 2.25 백만 달러의 자금이 필요하게 된다.

분석에 적용되는 할인율은 매우 중요하다. 할인율은 최저가 및 최고가 입찰 가격을 산정하는 데 매우 큰 영향을 미친다. 각 회사는 할인율에 대한 내부적인 정책이 있다. 어떤 회사는 자본 비용을 할인율로 사용하며 어떤 회사는 포트폴리오에서 가장 수익성이 낮은 투자 기회의 수익률을 할인율로 사용한다. 상장된 회사의 경우 차입이자율과 배당수익률의 가중평균일 수도 있다. 할인율이 낮을수록 회사는 더 높은 가격을 제안할 수 있다. 그러므로 어떤 회사가 가장 낮은 할인율을 보유하여 다른 잠재 매수자들에 비해 상대적으로 경쟁력 있는 분석을 할 수 있다면 매수 성공 확률이 높을 것이다.

매도자가 고갈시점에 가까운 자산을 매각할 때 매장량 계산 및 분석에 적용되는 변수들은 일반적으로 더 명확하다. 이러한 매각의 경우 매도자는 포트폴리오의 다른 자산과 비교하여 비교적 낮은 불확실성을 반영하여 낮은 할인율로 해당 자산을 평가한다. 그 결과 일반적인 회사들이 그들의 할인율을 적용하였을 때보다 매각 가격이 더 높아지게 된다.

13-3 전략적 가치

최초 제안 금액 산정을 위해서 다양한 전략이 사용된다. 어떤 전략이 가장 좋은지를 알기에는 공개된 정보들이 부족하기 때문에 대부분의 제안은 경험과 직관을 바탕으로 이루어 진다.

일반적으로 매도자의 부정적인 반응을 야기하는 유일한 경우는 지나치게 낮은 가격(low-ball offer)으로 제안하는 경우이다. 매수자가 공정가치 이하로 지나치게 낮은 가격을 제안하는 경우에 매도자의 심각한 반대 제안(counter offer)이 예상된다. 그러한 제안은 진정성 있는 제안이 아니므로 대부분의 경우 매도자는 반대 제안을 하지 않고 잠재적 매수자와 협상을 시작하려 하지도 않는다. 사실 매도자는 제안에 응할 필요가 없으나 매도자가 반대 제안을 했다면, 그 제안은 자산 매각 가격의 상한선이 될 것이다. 만약 잠재적 매수자가 다음 제안을 아직 할 수 있다면 매도자가 잠재적 매수자를 진정성 있는 상대방으로 인정하여 매도자가 협상을 시작하게 하기 위해서는 그 다음 제안은 매우 강할 필요가 있다.

매수자의 목적은 매수자가 매도자의 반대 제안을 받기에 충분하나 가능한 낮은 가격으로 최초 제안을 하는 것이다. 협상 의지가 있는 매수자가 가장 우려하는 상황은 다양한 해석이 가능한 평가의 본질상 이는 최종 평가 가치가 아닌데도 불구하고 매도자가 매수자의 제안가격을 지나치게 낮다고 해석하여 매수자의 제안이 진정성이 없다고 해석할 때이다. 따라서 결정된 제안가격 보다는 약간 높은 가격을 제안하는 것이 일반적으로 좋은 최초 제안이다. 이러한 접근법에 따라 매수자들은 거래를 완결하기 위해 최초 제안 후 제안가격을 높이는 것을 항상 가정하나 최종적으로 얼마나 올려야 할지는 알지 못한다.

양 당사자가 협상 의지는 있으나 가격 합의가 되지 않는 경우 매수자는 매도자가 원하는 가격을 요청하고 협상을 종료하려는 것이 일반적이다. 만약 매도자가 정말로 계속 협상하기를 원한다면 아마도 매도자는 가격을 매수자에게 알려줄 것이다. 그러나 이는 매도자가 최소 매각 가격을 공개하게 만드는 매수자의 압박 전술이다. 만약 매수자가 성공적으로 매도자의 가격을 공개하게 만든다면 매수자는 그 가격 이상 지불할 필요가 없다.

최초 제안은 가정을 바탕으로 이루어졌으므로 협상 과정 동안 제안가격의 수정이 필요하다. 매수자는 제시할 수 있는 가장 높은 금액이 아닌 가격으로 최초 제안을 했으므로 최초 제안으로부터 가격을 높일 수 있는 여유를 가지고 있다.

매수자가 거래 완료 시점에서 실제로 그 금액을 지급할 의사가 없으면서 매우 높은 조건부 제안을 하는 반대의 경우도 있을 수 있다. 매우 높은 제안은 매도자 경영진의 주의를 항상 끌게 되어 협상을 개시하게 되므로 일반적으로 거래를 빠르게 완결할 수 있다. 이러한 경우 매수자는 매도자가 협상에 참여하게 되면 매수자의 제안을 낮출 수도 있는 조건을 달기도 한다. 이러한 제안은 잠재 매수자가 협상 개시 이후 가격을 낮출 것을 매도자가 사전에 알았다면 협상을 시작하지 않을 수도 있었기 때문에 일반적으로 매각 회사를 화나게 하며 거래가 성사되기도 어렵다.

이러한 상황은 매도자가 매각 의사는 없었으나 매수자가 먼저 제안한 경우 발생한다. 매수자가 유전 중개인을 통해서 경매 또는 입찰을 하는 경우에는 매매 방법의 시간 제약 및 경쟁 때문에 이러한 접근은 어렵다.

유전 중개인이 자산 매각을 중개할 때 매도자는 대다수가 제시하는 유전 가격보다 예외적으로 높은 입찰 가격(outlier bid)을 받기를 원한다. 매우 높은 입찰가를 받았을 때 매도자들은 일반적으로 매수자가 가치 평가에 있어서 실수를 했다고 생각한다. 실제로 가끔은 매수자가 이렇게 높은 입찰 가격을 내는 이유는 매도자 또는 경쟁자가 모르는 추가 탐사 지역을 매수자는 알고 있기 때문이고 이를 바탕으로 매수자는 수익을 거둘 수 있는 수준의 신중한 가격 제안을 한다. 유전 중개인이 자산을 매각 할 때 프로세스에는 비밀스러운 요소가 있다. 왜냐하면 입찰에 참여한 잠재적 매수자들은 어떠한 다른 경쟁자들이 입찰에 참여하였는지, 얼마나 많은 회사들을 처음에 접촉하였는지 모르기 때문이다.

13-4 패키지 매각 사례

다음 논의는 몇 년 전 유전 중개인에 의해 거래된 텍사스, 루이지애나, 미시시피에 위치한 작은 3개 패키지의 제안가격 분포에 관한 논의이다. 이러한 방식에 따라 자산을 매각해보지 않은 사람이라면, 매도자가 내부적으로 평가한 가격과 다르게 매우 다양한 범위로 매수자의 제안이 분포한다는 사실에 매우 놀랄 것이다. 모든 매수자들은 정보를 평가하는 데 있어 같은 정보량과 시간이 주어진다. 다음의 각 3가지 패키지에서 매수자들은 패키지를 구성하는 유전의 가치에 대해 큰 차이를 보이고 있다.

그림 13-2 텍사스 패키지 매각 결과 - Black Owl 및 Heyser Fields

유전명 : Black Owl		
내부평가 가격		$3,900
매수 제안 가격	1	$90,100
	2	$65,100
	3	$60,000
	4	$33,800
	5	$14,000
	6	$10,800
	7	$10,700

유전명: East Heyser		
내부평가가격		$104,100
매수 제안 가격	1	$128,700
	2	$50,000
	3	$48,100
	4	$42,000
	5	$32,100
	6	$25,000
	7	$20,000
	8	$14,200
	9	$8,900

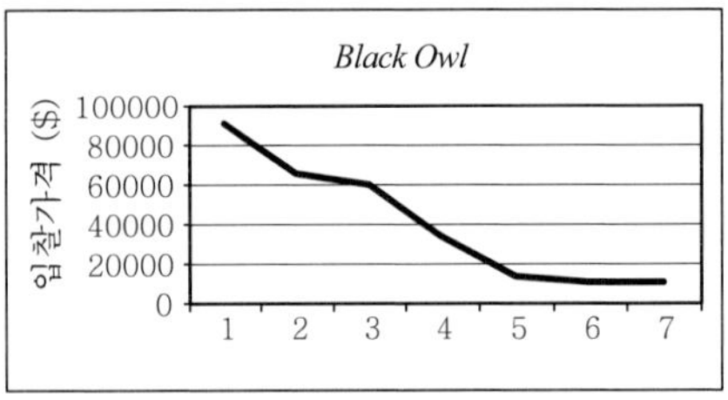

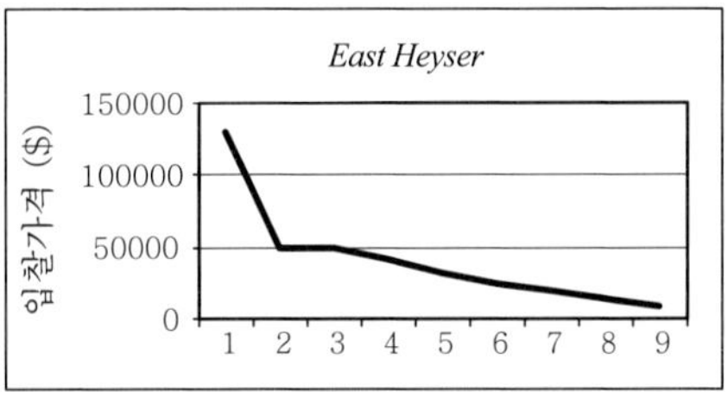

그림 13-3 텍사스 패키지 매각 결과 - Pawnee 및 West Fields

유전명 : Pawnee		
내부평가 가격		$68,300
매수 제안 가격	1	$160,000
	2	$4,700
	3	$4,000
	4	$3,300
	5	$2,500
	6	$1,500
	7	$1,100
	8	$500

유전명: West		
내부평가가격		$15,400
매수 제안 가격	1	$15,000
	2	$7,000
	3	$6,700
	4	$5,300
	5	$3,700
	6	$2,500
	7	$1,100
	8	$100

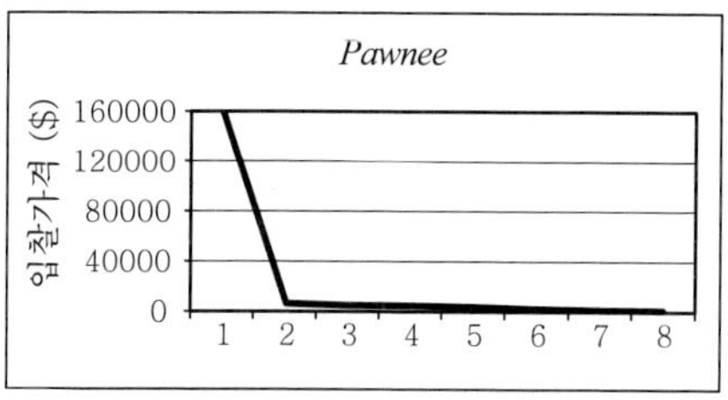

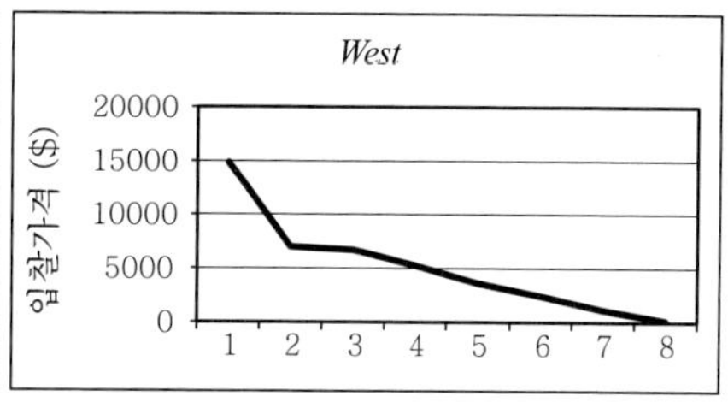

그림 13-2와 그림 13-3은 텍사스 매각 패키지의 경우이다. 이 자료는 패키지를 구성하는 6개의 유전 중 4개 유전에 대한 제안가격 분포를 보여준다. 브로셔는 32개의 관심 있는 회사에 보내졌고 그 중 16개의 회사에서 제안이 왔다. 4개의 유전에 대해 모두 57개의 제안이 있었고 각각의 유전은 개별적인 자산으로 마케팅 되었다. 매도자가 평가한 내부 가치에 비하여 매수자의 제안은 가장 낮은 가격 및 가장 높은 가격에서 거의 믿기 어려울 정도의 차이를 보여준다. 마치 매도자들이 가치 평가를 위해서 사용된 자료가 각기 다른 자료인 것처럼 보인다.

그림 13-4 루이지애나 매각 패키지 결과 - Fordoche 및 Homer Fields

유전명 : Fordoche		
내부평가 가격		$700,000
매수 제안 가격	1	$550,000
	2	$540,000
	3	$511,000
	4	$450,000
	5	$800,000
	6	$750,000

유전명: Homer		
내부평가가격		$300,000
매수 제안 가격	1	$325,000
	2	$310,000
	3	$210,000
	4	$154,000
	5	$150,000

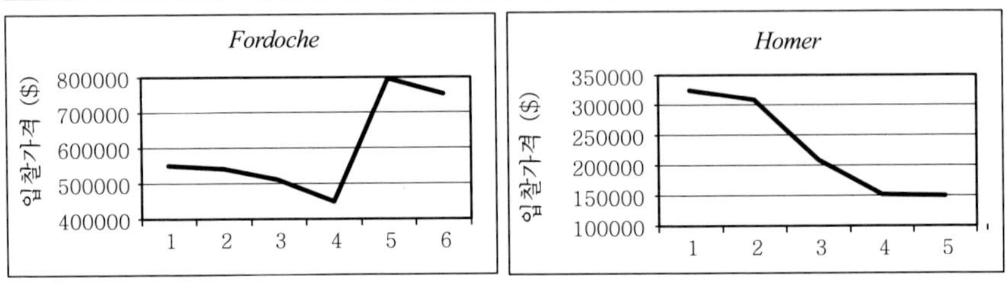

그림 13-4는 루이지애나 매각 패키지의 경우이다. 6개 유전으로 구성된 이 패키지는 100만 달러 이상의 자산으로 처음에는 마케팅 되었다. 단지 두 개의 제안만 있었으며 그 제안은 모두 75만 달러 수준이었다. 그 제안가격은 거래가 성사되기에는 너무 낮았고 매수자들의 관심 또한 매우 낮았기 때문에 이 패키지는 받아드릴 수 있는 수준의 가격으로 올리고 시장의 관심을 유도하기 위해서 각각의 개별자산으로 쪼개졌다. 이러한 새로운 노력의 결과 11개의 회사들이 제안을 내었고 총 120만 달러 이상의 가격으로 대부분의 유전은 매각되었다. 제안의 범위는 텍사스 패키지의 경우보다 더욱 좁고 더 합리적이다. 그러나 모든 자산이 팔리지는 않았다. 그림 13-4는 비록 많은 관심을 받았지만 Fordoche 지역은 입찰자 중 높은 가격을 낸 입찰자와의 협상을 통해서 수용 가능한 수준의 제안가격을 받을 수 있었다.

세 번째 패키지인 미시시피의 14개 유전은 각각 별도로 마케팅 되었다. 54개의 브로셔가 송부되었고 29개의 회사에서 제안에 응답했다. 총 67개의 유전에 대한 입찰이 접수되었다. 유전 별로 제안가격 분포는 매도자 내부 평가 가격과 최고 제안가격은 일반적인 경우와 다르게 극단적이었다. 그림 13-5 및 13-6는 14개의 유전 중 4개의 유전을 보여준다. 내부 평가 가격과의 차이를 유발하는 요인을 파악하는 것은 일반적으로 어렵다. 그러나 유전이 많은 경우 그 유전을 매도자의 포트폴리오에 보유하는 동안 매도자들이 직접 운영하지 않았고 열심히 관리되지 않아서 어떤 매수자들은 그 자산의 보유가치가 과소평가되었다고 생각할 수도 있다.

그림 13-5 미시시피 매각 패키지 결과 - Gwinville 및 W Heidelburg Fields

유전명 : Gwinville		
내부평가 가격		$49,500
매수 제안 가격	1	$854,900
	2	$78,500
	3	$27,300
	4	$15,000

유전명: W Heidelburg		
내부평가가격		$20,900
매수 제안 가격	1	$130,000
	2	$127,800
	3	$125,000
	4	$98,000
	5	$94,000
	6	$50,000

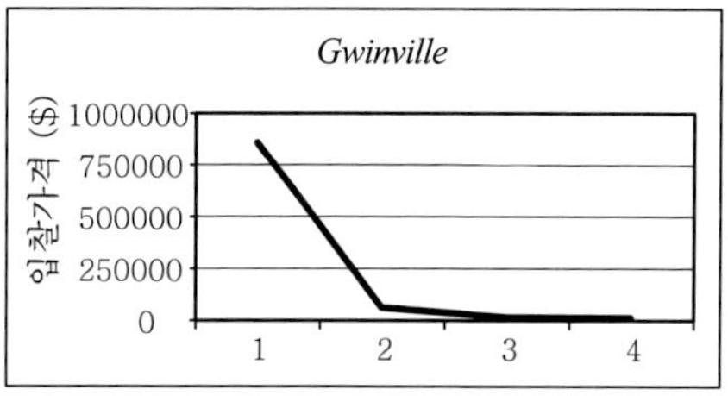

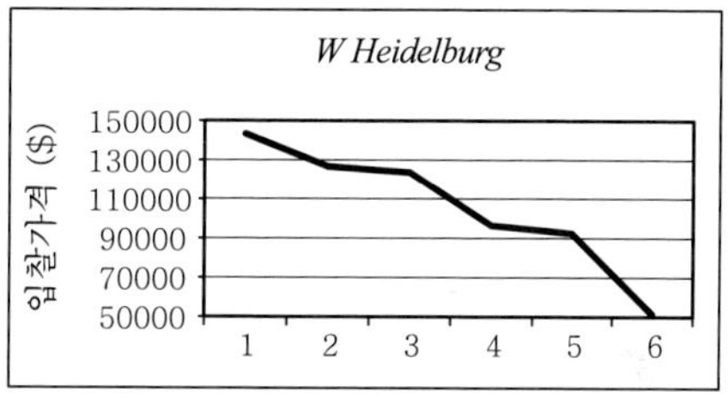

Gwinville 유전의 매장량 평가 가격은 $49,500이다. 가장 높은 제안은 $854,900인데 이러한 제안가격에는 정당한 이유는 없었으며 그 다음 제안은 $78,500이었다. 유전 중개인의 설명에 의하면, 유전 중개인이 매수자로 하여금 그 지역의 핵심 리스 가격으로 평가하게 만들었다고 한다. 왜냐하면 리스 면적이 매우 넓었으며 더 깊은 지층의 시추가 성공적이었기 때문이다. 이는 유전 중개인이 매도자보다 그 지역에 대해서 더 잘 알 때 매각 가격을 높일 수 있는 놀라운 사례를 보여준다.

그림 13-6 미시시피 매각 패키지 결과 - Jaynesville 및 Vaughts Fields

유전명 : Jaynesville		
내부평가 가격		$82,100
매수 제안 가격	1	$200,000
	2	$166,900
	3	$155,000
	4	$140,000
	5	$111,000
	6	$78,000
	7	$45,000
	8	$31,500

유전명: Vaughts		
내부평가 가격		$48,300
매수 제안 가격	1	$77,800
	2	$66,800
	3	$40,000
	4	$18,000
	5	$5,000

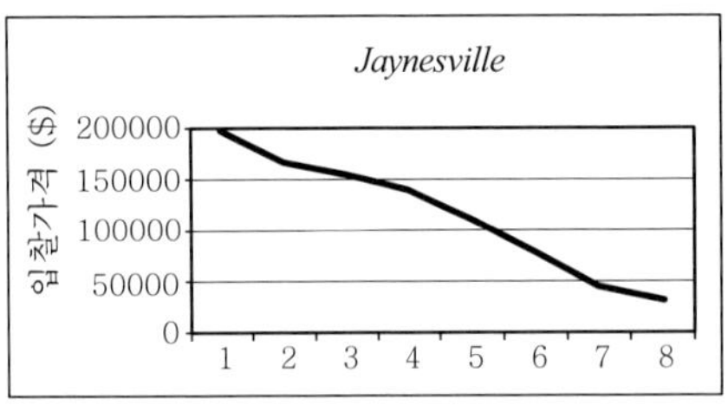

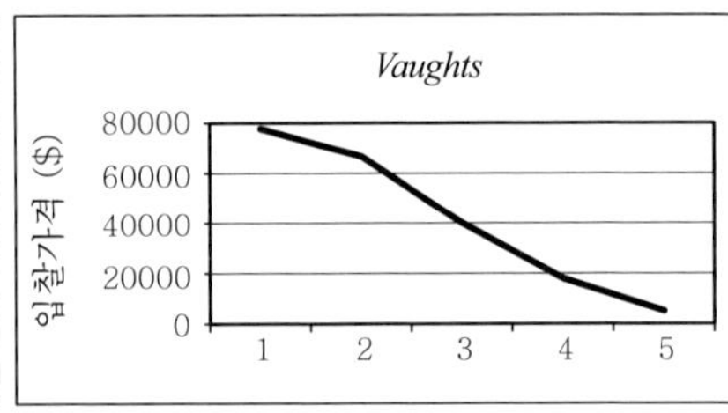

Jaynesville과 Vaughts 유전에 대한 제안가격의 분포는 지나치게 낮은 제안에서부터 전략적으로 높은 가격까지 매우 넓은 분포를 보인다. 두 유전은 보유 가치보다 더 높은 가격에 매각되었다.

유전 중개인이 매각하는 경우 매수자는 일반적으로 두 번의 기회는 없으므로 처음부터 가능한 공격적으로 접근하는 경향이 있다. 자산 인수는 상당히 어려워서 많은 노력이 필요하므로 작은 이익 때문에 거래를 잃기를 원하지 않는다. 결과적으로 유전 중개인이 개입한 매매의 경우 매수자들은 회사의 최대 한계까지 가격 제안을 한다. 공개된 거래들을 살펴보면 실제로 매우 높은 시장 배수로 완결된 거래들은 대부분 유전 중개인에 의한 거래이다.

제14장 우선 매수권

유전 투자의 이해

[제14장 우선 매수권]

소유자 중 한 명이 자산을 매각하려 할 때 다른 소유자가 조건이 맞는다면 우선적으로 그 자산을 매수할 수 있는 우선적 권리가 붙어 있는 자산이 있을 수 있다. 이러한 우선적 권리의 행사는 어떤 매각 전략을 사용하든지 적용된다.

만약 우선 매수권이 행사되면, 그 자산을 인수하기 위해 노력하던 제3자는 거래를 잃게 되고 노력에 대한 보상을 받지 못한 체 거래가 종료된다. 이는 잠재 매수자에게는 매우 소모적이고 사기를 저하시킨다. 그럼에도 불구하고 이러한 우선 매수권 조항을 공동운영계약서에 쓰는 것이 업계의 관행이다.

우선 매수권을 행사하는 프로세스는 모든 거래에서 동일하지 않다. 비록 리스 계약서에 그 우선 매수권 행사 프로세스가 규정되어 있지만 많은 경우 매각 통지의 시점부터 거래 종료 시까지 다양한 시나리오가 있을 수 있다. 어떤 경우 매도자는 우선적 권리를 보유한 공동 소유자에게 가격을 제안하고 그 이후에 최종적 매수자와 거래계약서(PSA, PURCHASE AND SALES AGREEMENT) 협상을 시작하는 경우도 있다. 다른 경우 매도자는 매수자와 가격과 계약 조건이 협상된 이후에 공동 소유자에게 우선적 권리 행사 여부를 요청하고 공동 소유자가 우선 매수권을 행사할 경우 그 가격과 계약 조건을 수용해야만 한다.

만약 매도자가 공동 소유자에게 최초 매수자와 협의된 계약 조건에 대해 재협상을 허락한다면, 최초 매수자는 거래가 변경되었고 처음 조건으로 거래가 완료되어야 한다고 주장할 수 있다. 각각의 당사자는 그러한 문제들을 피하기 위해서 공동운영계약(operating agreement)의 조건을 주의 깊게 살펴봐야 한다. 항상 공동 소유자는 우선 매수권 행사 여부의 통지 수령 후 회신해야 하는 기한이 사전에 계약서에 규정되어 있다. 일반적으로 그 회신 기한은 15일에서 60일이다.

만약 자산들이 패키지로 한 번의 거래에 의해 매각되고 자산에 대해 한 개 또는 그 이상의 우선적 권리가 있다면, 매수자는 패키지 전체 가격의 일부를 그 권리를 보유한 자산에 배분해야 한다. 설사 세무적 목적이나 다른 전략적인 이유로 배분이 이미 이루어졌다 할지라도, 우선적 권리에 대한 「배분 프로세스」는 매우 중요하다. 왜냐하면 패키지로부터 일부 자산이 거래에서 빠질 수 있는 가능성이 있기 때문이다.

패키지 전체 가격의 일부를 우선 매수권이 포함된 자산에 배분할 때는 내부적으로 평가된 자산의 가치보다 더 높게 가격을 책정할 필요가 있다. 만약 공동 소유자가 핵심 유전에 대해 우선 매수권을 실행하여 높은 가격에 그 자산을 매수한다면 매수자는 단순히 「배분 프로세스」를 통해서도 이익을 얻는다. 매수자가 중요한 유전에 더 높은 가격을 배분하는 다른 이유는 공동 소유자의 우선적 권리의 실행으로 인하여 핵심 자산을 잃지 않기 위해서이다.

만약 패키지를 구성하는 유전들의 대부분이 우선적 권리를 가지고 있는 자산이고, 너무 많은 수의 자산에 대해 우선 매수권이 행사된다면, 패키지에 남은 자산들은 매수자가 최초 제안 시점의 목적을 충족시켜주지 못할 것이다. 양 당사자가 이러한 일이 발생할 것이라는 것을 서로 이해한다면 공동 소유자에게 우선적 권리 행사 여부에 대한 통지를 하기 전에 거래계약서(PSA)에 반영되어야만 한다. 일반적으로 전체 패키지 가치의 50% 이상이 공동 소유자에게 넘어간다면 최초 매수 제안자는 그 거래를 완료할 동기가 없어진다. 그러나 매수자는 항상 공동 소유자들의 우선적 권리 행사로 많은 유전들이 거래에서 빠지더라도 매수자가 거래를 완결할 수 있는 권리를 가진다.

만약 너무 많은 우선적 권리가 실행되어 매수자가 거래를 그만둔다면, 매도자는 좋은 자산을 공동 소유자에게 매각하게 되어 매도자는 적은 수의 유전만 보유하게 되어 매도자가 원했던 방향과 다른 방향으로 거래가 흘러가게 된다. 이러한 이유로 이와 같은 상황 발생 시 패키지의 모든 유전이 매각 취소되며 유전의 어느 것도 공동 소유자에게 매각되지 않는다는 조항을 거래계약서(PSA)에 삽입한다.

매도자는 다음의 이유로 「배분 프로세스」에 참여하지 않는다.

- 공동 소유자가 부적절한 배분이 이루어졌다고 주장하면 매도자는 소송에 노출된다.
- 배분은 일반적으로 매도자의 사업에 영향을 주지 않는다.

가격 「배분 프로세스」를 제외하고 매도자가 프로세스에 관여하는 경우는 매수자가 빠르게 거래를 완결하기를 원할 때이다. 매도자는 공동 소유자를 접촉하여 그들이 우선적 권리를 사용하지 않는다는 회신을 제한 기한보다 더 빨리 받아 내는 것을 매수자로부터 요청 받는다. 이 프로세스는 매수자가 기한 내에 자금 조달에 제한이 있고 매도자의 우선적 관심도 신속한 매각일 경우 매도자는 이러한 요구에 따르게 된다. 그러나 가치 있는 자산이 포함되어 있을 때 공동 소유자는 신속한 회신을 하는 것이 그들의 이익에 도움이 되지 않으므로 그들이 신속하게 검토해서 우선적 권리를 사용하지 않을 가능성은 매우 낮다.

매각자산의 공동 소유자가 우선 매수권을 보유하지 않는 경우가 있다. 회사 전체가 매각되고 합병되는 경우 또는 종속 회사 전체 또는 회사의 운영조직이 하나의 실체로서 매각되는 경우에는 우선적 권리는 일반적으로 실행되지 않는다. 공동운영계약서에 이와 같이 우선적 권리가 실행되지 않는 예외 조항에 대한 논리는 전체 단위의 실체가 전체 자산을 구성하는 각각 자산 가치의 합보다 크다는 논리이다. 그러므로 이러한 상황에서 가치를 배분하는 것이 매우 어려우므로 만약 우선적 권리가 실행된다면 자산 가치보다 더 많은 것을 잠재 매수자는 잃게 된다.

제15장 매도자 보호 방안

유전 투자의 이해

[제15장 매도자 보호 방안]

자산을 매각하기 전 매도자는 매수자가 능숙한 생산자이며 자산의 수명이 다할 때까지 법이 허용된 방식대로 통제할 것이라는 확신이 필요하다. 현재 시장가치, 매장량, 생산량 그리고 폐공 의무와 같이 인수하려는 회사 현황 정보는 반드시 검토되어야 한다. 재무제표 역시 필요하다. 만약 이러한 검토 결과 거래 완료를 위한 매수자의 재무적 능력이 부족하다면 추가적인 보호 장치가 필요하다.

크고 오래된 유전에서 향후 발생할 폐공 비용 및 환경 비용은 상당히 중요한 문제이다. 리스 사용자는 생산 완료 후에 탐사 전과 동일한 상태로 토지 소유자에게 돌려줘야 한다.

생산공 철거비용 및 제반 시설의 철거비용은 매장량 가치보다 더 클 수도 있다. 오래된 유전의 경우 시추공, 기름 유출 그리고 탱크로리 등을 원상 복구하는 비용은 상당히 클 수 있다. 많은 경우 거래 대상 유전은 매도자와 매수자에게 높은 위험이 있는 부정적 요소를 지니고 있다. 매도자는 자산을 매매 시장에 내놓기 전에 폐기 및 철거 비용을 들여 미리 작업함으로써 위험을 줄이려 한다. 이는 매수자에게 비용과 위험을 낮추어 주고 매수자는 수명 시간 동안에 필요한 비용이 줄어들어 자산 인수를 위해 더 높은 가격을 지불하게 된다.

만약 매수자가 폐공 및 환경 오염을 치유하는 활동을 하지 않는다면, 생산 자산 매도자는 향후 이러한 폐공 비용을 관련 기관에 지급해야 하므로 자산을 그 매수자에게 매각하기를 원하지 않는다.

그림 15-1에서 보는 바와 같이 큰 회사들은 매수자가 향후 이러한 비용을 위한 자금이 충분하다는 확신이 필요하다. 만약 이러한 비용에 대비하여 매수자의 신용도가 낮다면, 매도자는 필요 시 자금의 사용이 가능하도록 보증보험(bonding protection)을 요구한다. 이는 매도자가 보증 기관으로부터 인수하는 이행보증채권(performance-bond)의 형식이다. 매수자는 이러한 보증채권을 유지하기 위해서 매년 보증료를 낸다. 경우에 따라 매도자 보호를 위해서 매수자가 이러한 보증료를 제때에 지급한다는 보험을 추가적으로 요구하기도 한다.

그림 15-1 멕시코 만 자산 매입 시 매도자 보호를 위한 보증보험의 결정

해상 패키지가 폐공 의무를 적절하게 이행하기 위해서 보증보험이 필요한 소규모 회사에 매각되었다. 다음과 같이 폐공 비용이 들 것으로 예상된다.

	2004	2005	2006	2007	2008	2009	2010	합계
유전 A	–	–	–	2.5	–	3.0	–	5.5
유전 B	–	2.5	2.0	–	–	–	–	4.5
유전 C	–	–	–	–	–	1.0	3.5	4.5
유전 D	–	–	–	–	6.0	2.0	–	8.0
합 계	–	2.5	2.0	2.5	6.0	6.0	3.5	22.5

매도자는 매수자에게 22.5 백만 달러 상당의 폐공 비용에 대한 보증보험을 요구할 것이다. 향후 유전들이 폐공 되면 자원관리부(Minerals Management Service)의 폐공 의무 이행 확인 후 그 지출한 폐공 비용만큼 보증보험이 줄어든다. 만약 22.5 백만 달러에 대한 보험료로 인하여 그 거래가 성사되기 어려운 상황이라면 그에 대해서 다음과 같이 두 가지 방안이 있다.

1. 유전 B는 가장 먼저 폐공될 예정이므로 이에 대해서는 보증보험을 가입하지 않는다. 매수자는 2007년 이후에 폐공 예정인 유전 A, C, D에 대해 보증보험 금액을 줄이기 위하여 유전 B 가 적절하게 폐공된다는 것에 동의할 것이다.
2. 모든 유전들에 대해 플랫폼 폐기 비용에 대해서만 보증보험을 발행한다. 시추공은 플랫폼을 제거하기 전에 제거하기 때문에 시추공 제거는 보증보험 범위에 포함시키지 않는다. 유전 전체가 폐기되기 전까지는 매수자는 보증보험 부담을 감소시킬 수 없다.

만약 보증보험회사가 동시에 많은 수의 채권을 발행하여 지급 실패(default)가 발생할 수도 있기 때문에 그 보증보험회사가 재무적 안정성을 보유하였는지를 확인해야만 한다. 미래 어느 시점에 폐공 및 복구 비용을 위한 보증보험이 제대로 지급될 수 있는 지를 확인하기 위해서 실사 절차가 필요하다.

만약 유전이 이러한 비용 대비 상대적으로 높은 가격으로 매각되면 시장가치가 큰 회사는 성공적인 매수자가 될 수 있고 보증보험과 같은 것이 불필요할 수 있다.

제16장 계약서 협상

16-1 계약 조건(Terms and Conditions)
16-2 발효일(Effective date)

유전 투자의 이해

[제16장 계약서 협상]

16-1 계약 조건(Terms and Conditions)

경쟁 입찰의 경우, 일반적으로 최고가 입찰자가 매수에 성공한다. 그러나 낮은 가격을 써낸 입찰자라 할지라도 입찰 대상 자산에 부채가 많고 최고가 입찰자에 비해 더 높은 신용도 및 재무적 안정성이 있는 경우라면 저가 입찰자라도 입찰에 성공할 수도 있다. 만약 최고가 입찰자의 제안가격과 그 다음 최고가 입찰자의 제안가격의 차이가 부채 금액보다 크다면 입찰자의 재무상황과 상관없이 최고가 입찰자가 입찰에 성공할 수도 있을 것이다.

경쟁 입찰 절차 또는 협의된 절차에 따라 매수자가 정해졌다면, 거래계약서(PSA) 협상이 시작된다. 이 계약서는 거래 완료까지 이행 사항 및 자산들과 관련한 매수자 및 매도자의 권리와 의무에 대한 근거가 된다.

협상은 다음과 같은 주제를 포함한다.

- 매도자가 매수자에게 원하는 손해배상금
- 폐기 및 복구 비용에 대한 보증보험 또는 L/C를 통한 매도자 보호 장치
- 리스 권리 결함(title defects), 소유권 불일치, 공개되지 않은 담보
- 거래 완료 이후 환경 문제 제기 및 발견시의 주요 조건
- 판매 제한 및 생산개시의 통보

- 가스 불균형(gas imbalance) 의 정산 및 정산 시 지급해야 하는 mcf 당 가격
- 매각에서 제외되는 자산 (예를 들어 자동차, 보트, 통신설비, 창고)
- 거래 전 발생한 개인적 상해 또는 자산에 대한 소송 제외
- 이행 보증금과 그 지급 사유 및 시점
- 이행 보증금을 몰수 당하지 않고 매수자가 매수 하지 않을 수 있는 조건
- 거래 완료일 및 거래가 완결되지 않았을 경우 효과
- 필요 시 인수 후 매수자가 운영할 때 매도자의 협조 방안
- 자산 실사를 위한 시간 및 조사의 범위
- 매수자가 토지 소유자로부터 리스를 획득하기 위해 매도자가 매수자에게 협조할 사항
- 매수자에게 이전될 원본, 사본 및 기타 기록
- 보도 자료(press release) 내용 및 보도할 회사

모든 협상이 평등하게 이루어 지는 것은 아니다. 그래서 각 팀에 경험이 많은 협상 전문가를 두는 것이 현명하다. 법률 전문가뿐만 아니라 기술평가 전문가 역시 각 계약서의 조건을 검토하고 가치를 평가하기 위해서 필요하다.

「제23장 교훈」 편에서 설명하는 많은 협상 전략은 거래에 있어서 각 당사자의 시간과 돈을 절약해 줄 것이다. 이 전략들을 따르지 못하게 되면 회사는 평판을 잃게 되고 비용이 많이 들게 될 것이다.

16-2 발효일(Effective date)

매도자는 매도 제안의 발효일(effective date)를 정하고 이 날짜를 잠재적 매수자들에게 최초의 제안 날짜로 정한다. 이 날짜는,

- 모든 수익과 비용을 매도자가 보유하는 최종 시점
- 모든 수익과 비용이 매수자에게 넘어가는 시점

발효일(effective date)은 다음 사항을 고려하여 신중하게 정해야 한다.

- 위험 수준 및 진행 현황과 상관 없이 현재 진행 중인 작업이 완료되는 시점을 고

려해야 한다. 만약 진행 중인 시추공의 위험이 매우 크다면, 매도자는 그 작업이 완료되기 전의 날짜로 매각 발효일을 정하려 할 것이다. 만약 시추공 작업의 위험이 낮다면 매도자는 작업이 완료되어 생산된 이후의 날짜를 발효일로 하려 할 것이다.

- 매도자가 데이터 룸에 제공하려는 데이터의 양을 고려해야 한다. 데이터 룸이 개설되기 전으로 발효일을 정하면 매수자는 발효일까지의 정확한 자료 분석이 가능하다.
- 발효일과 거래 완료일간 시간 차이를 고려해야 한다. 그 시간 차이가 작을 수록 시추공의 생산량이 변동할 가능성이 적으므로 재협상이 불필요하여 거래가 파기될 가능성이 적어진다.
- 회사가 자산을 매각하기로 했을 때 매각 활동을 추진할 수 있는 속도를 고려해야 한다. 매각 결정 시점과 발효일 사이의 기간이 짧다면 거래 완료까지 쫓기는 느낌이 들 수 있다.

경우에 따라 협상이 어렵고 실사가 복잡할 경우에 거래 완료 절차는 각 당사자가 기대했던 것보다 길어진다. 발효일은 원래 시간보다 미루어지고 인수가격은 그 협상 중간 기간의 현금흐름의 양에 따라 낮아질 수 있다. 가격이 낮아지면 매수자가 대금 지급하기가 더욱 쉬어지고 결국 양 당사자에게 이로울 수도 있다.

만약 매각 가격에 상당한 양의 추가 탐사 가능 자산이 포함되어 있다면 매수자는 발효일을 뒤로 연기하는 것을 제안할 수도 있다. 만약 매수자가 거래 완료 대금 지급을 위한 자금 조달이 필요하다면, 자산의 더 높은 비율이 확인 매장량이 될 수 있도록 발효일을 뒤로 연기하려 할 것이다. 이를 통해서 매수자에게 자금 조달을 해준 은행의 위험이 감소하여 매수자는 자금조달이 가능하고 매도자는 더 높은 가격으로 자산을 매각할 수 있다. 협상 기간 중의 현금흐름은 법인세율로 세금을 내지만 매각대금은 자본손익(capital gain and loss)이라서 더 낮은 세율 구간으로 세율을 내게 되므로 매각대금을 더 높게 받는 것이 매도자에게 더 유리한 절세 효과가 발생한다.

제17장 자산 실사

유전 투자의 이해

[제17장 자산 실사]

모든 매수자는 유전 상태 및 규제기관/성부기관에 의해 기록되는 자료들을 유선 또는 사무실에서 실사를 한다. 매수자는 실사를 통해 부정적인 정보들을 확인하여 거래를 그만두거나 가격을 낮출 수 있다.

현장 방문을 통해 다음과 같은 사항을 확인한다.

- 생산정이 다른 위험 요소 없이 보고된 생산량을 생산하는 지
- 관련 시설들이 좋은 상태로 유지되고 보고된 시설들이 포함되어 있는지
- 생산(flow) 및 수집(gathering) 파이프 라인 또는 가스 압축기(compression) 용량이 적절한지
- 환경 상태와 자산의 폐공 비용이 적절한 수준인지

기록 자료를 통해 다음과 같은 것들을 확인한다.

- 토지 및 리스 보고서
- 시추공 도식도 및 관련 시설 설계도 (facility design)
- 생산 보고서 (production report)
- 규제기관 및 정부 보고서
- 생산물 판매 방법
- 시추/생산공 및 유전 파일

• 법률 자료

매수자는 사전에 공개되지 아니한 정보를 확인할 수 있기 때문에 실사 절차는 매우 중요하다. 부정적인 정보가 발견된다면 가격을 줄이거나 보상 조건을 조정하는 것이 필요하다. 만약 해결할 수 없는 심각한 문제가 발견된다면 매수자는 거래 중단을 결정할 수도 있다.

때때로 매수자는 입찰 준비 과정에서 현장방문(field trip)을 요청할 수도 있다. 이러한 요청은 일반적으로 다음과 같은 이유로 매도자가 거절한다.

- 관심 있는 모든 회사가 현장방문을 요청할 경우 그들 모두의 현장방문 계획을 짜는 것은 매우 어렵다.
- 매도자가 입찰에 성공한 회사에게만 보여주려 했던 내용을 현장 방문 회사가 발견할 수 있다.
- 입찰자가 선택된 후에 현장 방문을 가는 것이 업계 관행(market practice) 이다.

매도자의 회계 실사를 위한 훌륭한 체크 리스트는 1995년에 석유회계사협회(COPAS) 에서 발간한 「인수를 위한 자산 실사 체크 리스트」(Property Acquisition Checklist) 이다. 이 목록은 자산을 완벽히 인수하기 위해 매수자가 반드시 검토해야 할 모든 자료들이 잘 정리되어 있다. 이 체크리스트에는 사전적 인수 분석에서부터 다양한 평가 및 실사 단계 그리고 자산양수도 계약 및 수익, 비용 그리고 로열티를 검토하는 방법에 대해 서술하고 있다.

어떤 매수자들은 최초 제안 가격을 낮출 수 있는 단 한 번의 기회인 것을 알고 있기 때문에 자산 실사를 매우 공격적으로 한다. 결과적으로 자산 실사 팀은 최초 제안가격에서 얼마나 가격을 낮추었는지에 따라 보상을 받으므로 모든 방법과 수단을 동원하여 매도자를 설득하여 가격을 낮추게 할 수도 있다. 매도자와 매수자는 거래계약서(PSA) 에 규정된 각자의 권리에 대해 잘 숙지해야 한다.

제18장 정부 승인

유전 투자의 이해

[제18장 정부 승인]

거래를 마무리하기 위해 어떤 거래는 정부 기관의 승인이 필요하다. 이 단계는 연방정부 또는 주정부 그리고 지역 단위에서 이루어진다.

1억 달러 이상의 대규모 거래는 미국 내 독점 방지를 위해 연방거래위원회(Federal Trade Commission) 을 통과해야만 한다. Hart-Scott-Rodino 법에 따라 검토되는 이러한 과정은 몇 개월이 소요될 수도 있다.

양도 허가(consent to assign) 규정은 많은 리스에서 일반적으로 적용된다. 이 규정에 따라 토지 소유자는 매도자의 권리 매각을 막거나 거래계약서(PSA) 의 변경을 요구할 수 있도록 보장해준다.

멕시코 만 해상 매각의 경우 연방 정부의 자원관리부(Minerals Management Service, MMS)가 자산의 폐공 비용뿐 아니라 운영과정의 책임과 관련하여 재무 건전성을 검토한다. 자원관리부(MMS)는 신의 성실한 자산 운영 및 로열티 지급 그리고 시추 전의 상태로 리스를 복구할 수 있도록 보증보험 또는 L/C 등을 요청할 수도 있다.

주정부 단계에서 정부는 호수, 강 그리고 늪지의 물을 소유한다. 주정부 소유 토지의 리스권자가 변동될 때 주정부의 승인이 필요하다. 습지대의 경우 폐공 비용은 매우 클 것으로 예상되므로 정부는 폐공 비용의 자금 조달이 가능한 자격 있는 매수자에게 매각할 수 있도록 주의를 한다.

제19장 매각 프로그램

유전 투자의 이해

[제19장 매각 프로그램]

대부분의 대규모 회사들은 회사 목적을 달성하기 위하여 대규모 자산을 매각하려 한다. 이러한 매각 프로그램은 일반적으로 새로운 경영진 또는 애널리스트의 의견에 따라 회사의 새로운 방향이 되고 주된 관심사항이 된다.

포트폴리오 조정 프로그램은 회사가 장기적 성장과 경쟁력을 유지할 수 있도록 장기 전략을 세우고 세심하게 관리되어야 한다. 그러나 과거를 돌이켜 보면 매각을 통해 조정하려 했던 목표 변수들이 매각 결과 개선될 수도 있지만 반대로 재무 또는 운영 변수들이 피해를 입어 이미 돌이킬 수 없는 상태가 된 경우도 있었다. 이러한 부정적 효과를 아는 데에는 몇 년이 걸릴 수도 있고 일반적으로 이를 발견한 후에는 그 손실을 회복하기가 어렵다.

이러한 영향의 예는 다음과 같다.

- 회사가 포트폴리오의 유전당 평균 생산량을 높이기 위해 생산량이 낮은 자산을 매각하는 경우, 자칫 이는 생산비가 낮고 이익률이 높으며 추가탐사가능성을 보유한 유전을 매각하는 결과를 가져올 수 있다.
- 생산량 비례법에 따라 감가상각하고 생산비가 높은 유전을 매각하여 생산단위당 평균 이익을 높이려 하는 경우 이는 자칫 추가탐사가능성 또는 좋은 생산율을 보유한 유전을 파는 것이 될 수도 있다.
- 기술진이 다른 우량 자산에 집중할 수 있도록 사업 지분(working interest)이

낮은 유전을 매각하는 경우 이는 자칫 높은 생산량, 확실한 추가탐사가능성 또는 단위당 높은 수익성을 가져다 주는 자산을 파는 것일 수도 있다.

가장 운이 나쁘고 때로는 당황스러운 사례는 이러한 전략에 따라 매각된 어떤 유전들이 실제로 회사가 인수하려는 유전이 되는 경우이다. 이러한 사례는 상장회사 경영자가 장기적인 전망뿐만 아니라 상장회사의 주가에 적지 않은 영향을 미치는 애널리스트의 단기적 전망에도 주의를 기울여야 하기 때문에 발생한다. 이러한 균형을 잡기 위한 결과로 어떤 유전은 보유했어야 하지만 매각하는 경우가 발생한다. 대부분의 회사들은 장기적인 가치를 알아채지 못한 체 매각하지 말았어야 하는 자산을 매각한 이후에 그 사실을 깨닫게 된다. 그 결과 더 작고 충분하지 않은 추가탐사가능성을 보유한 회사가 된다.

지난 10년간 미국 내 3건의 대규모 패키지 거래가 있었다. 각각의 거래는 서로 다른 경영진에 의해 이루어졌으므로 이 거래들은 서로 연관은 없다. 많은 노력을 기울이는 동안 자산의 기초는 저하되고 좋은 자산은 팔렸으며 생각했던 것과 달리 포트폴리오에 악영향을 주게 되었다. 그러한 매각의 순서들은 다음과 같다.

• 프로그램 No.1(1989년)

몇 년 전 현금으로 높은 가격에 대규모의 자산을 인수한 후 자금이 필요하게 되었다. 높은 인수 가격으로 생산량 비례법에 따른 감가상각비가 커서 배럴당 회계상 이윤이 낮기 때문에 매각 대상 자산이 되었다. 1,000만 달러 이상의 가치가 있는 많은 자산들이 매각되었다. 최초 인수 시 목표였던 매장량이 손실되었다.

• 프로그램 No.2(1994년)

다른 상장된 경쟁회사들과 비교하여 더욱 경쟁력을 높이기 위해서 대규모 매각 프로그램은 생산비가 매우 높은 모든 자산을 대상으로 하였다. 포트폴리오 내 대부분의 소규모 유전들은 매각되었다. 그 유전 대부분은 3D 탄성파 탐사가 충분히 이루어 지지 않은 추가탐사가능지역을 가지고 있었고 어떤 유전들은 매우 수익성이 좋으나 보유하기에는 너무 작았다.

• 프로그램 No.3(2000년)

글로벌 포트폴리오를 대상으로 검토하였으며 모든 종류의 유전 중 생산량과 이익률이 낮으며 폐공 또는 환경비용이 높은 자산들이 우선적 매각 대상이 되었다. 매각 가격은 미 확인 매장량에 대해 목표 가격 대비 낮은 가격으로 평가되었고 잔여 자산의 예상 투자 기회는 사라지게 되었다.

이 프로그램의 교훈은 자산 매각을 위한 선택 기준을 마련할 때 매우 주의해야 한다는 것이다. 당신 회사의 목적을 면밀히 살피고 매각 시 매각 프로그램에 구체적인 변수 그 이상의 것을 검토해야 한다. 선택된 유전을 매각하는 것은 장기적인 회사 실적을 포기하고 단기적 이윤을 추구하는 것에 지나지 않는다는 것을 명심해야 한다.

제20장 과거 거래 추세 분석

20-1 역사적 인수 가격
20-2 시장 배수 상승

유전 투자의 이해

[제20장 과거 거래 추세 분석]

20-1 역사적 인수 가격

어느 노력이든 경쟁자를 잘 아는 것은 매우 도움이 된다. 미국은 생산 자산의 거래가 매우 활발한 나라이다. 많은 회사들은 이 시장의 다양한 측면을 분석한다. 예를 들어 Scotia Group의 홈페이지는 1979년부터 미국 내 거래 정보의 상당한 샘플을 포함하고 있다. 데이터 베이스는 월별로 정리되어 있으며 매수자와 매도자의 이름, 거래가격, 매장량 그리고 생산량 등을 포함하고 있다. 이와 함께 산업 동향을 알려주는 내용도 제공된다.

그림 20-1은 대상 자산을 인수하기 위한 평가 및 거래 현황을 보여준다. 과거 20년 동안 6천억 달러 이상의 거래가 공개적으로 보고되고 있으며 그 거래액 중 대부분은 1998년 이후에 발생한 연이은 메이저들의 인수합병 활동이었다. 메이저들은 모두 글로벌 기업이기 때문에 메이저의 매장량 및 생산 자료들은 미국 내 수치들로 구성된 아래의 표에는 나타나지 않는다. 거래 통계상 모든 거래가 성공적으로 끝나지 않은 것을 감안하면 1조 달러 이상의 생산 자산이 지난 20년간 평가되었다는 것을 어렵지 않게 짐작할 수 있다. 이 그림은 이 기간 동안(1982년 ~ 2002년) 동안 6천건 이상의 거래가 발생하였음을 보여준다. 유전 매매 시장에서 이렇게 많은 거래가 일어나는 것을 보면 작은 회사든 큰 회사든 각 회사들은 유전 매매 활동의 전문가가 되는 것이 반드시 필요하다.

그림 20-1 미국 거래 현황

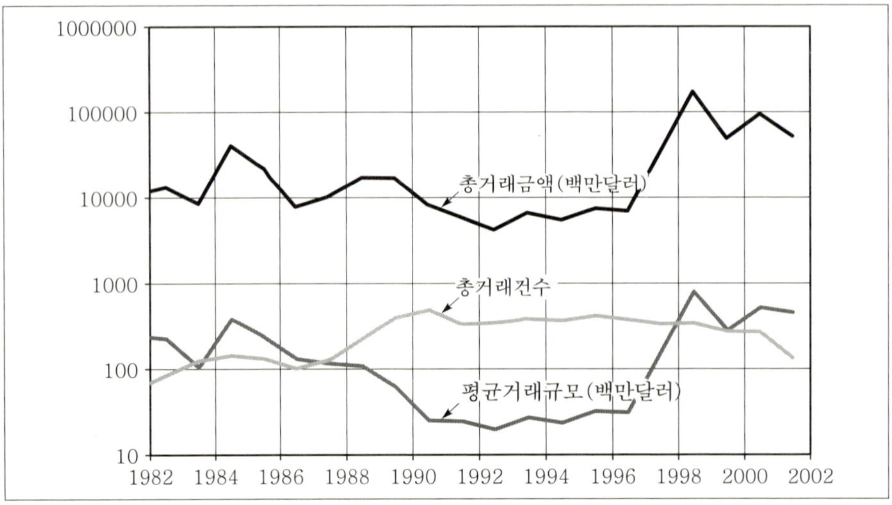

그림 20-2 매장량 당 평균 거래 가격

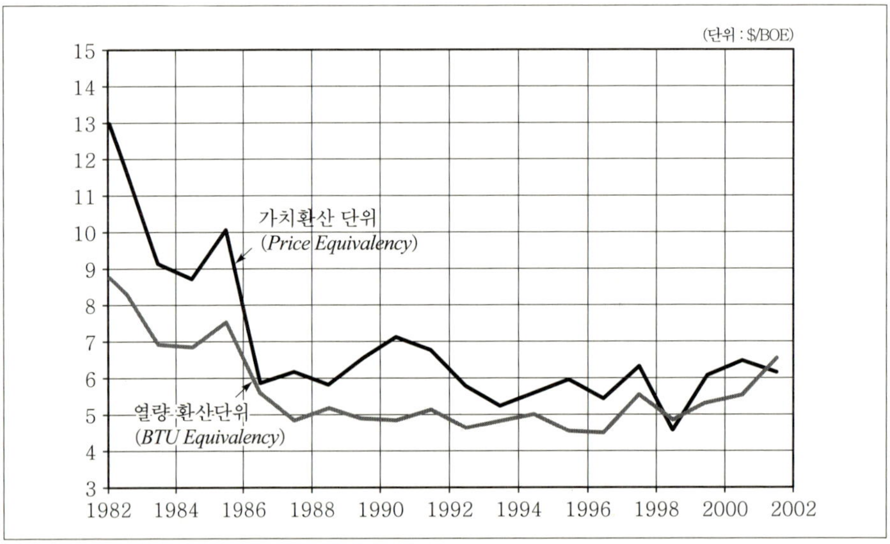

매장량 당 평균 거래 가격은 과거 추이를 분석하기 좋은 변수이다. 그림 20-2는 지난 20년간, 매장량을 열량 단위(BTU Equivalent)[22]로 환산한 BOE당 가격과 가

22) 역자주 : BTU(British Thermal Unit), 1 파운드의 물을 화씨 1도를 높이기 위해 필요한 열량 1 단위

치 단위(Price Equivalent)로 환산한 BOE당 가격의 추이를 보여준다. 이 그래프는 지난 6년간 인플레이션 효과를 제외한 지표인 열량 단위 가격이 상승한 것을 보여준다. 지난 6년간 열량 단위당 가격 상승의 원인은 상대적으로 오일 가격 상승에 비하여 천연가스의 가격 상승이 더 높았기 때문이다. 그리고 이러한 가격 상승의 다른 이유는 매수자가 거래 시 미확인 매장량을 가치 산정에 포함하고 분석하여 더 높은 금액을 지불하고 매수하였기 때문이다. Scotia Group은 미확인 매장량을 거래 대상에 포함하는 것과 선진 기술을 도입하는 것은 매수에 성공하기 위해 필수적인 접근 방법이라고 최근에 발표하였다. 그리고 이러한 추세는 바뀌지 않을 것이다. 이러한 미확인 매장량의 대부분은 매장량을 열량 단위로 환산한 BOE 당 가격 산정에서 매장량에 포함되지 않기 때문에 열량 단위당 가격이 상승하게 되었다.

그림 20-3에서 보듯이 매년 정두 가격의 큰 변동에도 불구하고 1986년부터 2002년까지의 매장량당 평균 가격의 변동폭은 BOE당 2 달러 이하에 불과하였다. 이러한 경이적인 통계는 매수자가 에너지 가격이 높든 낮든 간에 단기적인 가격 변동의 영향을 장기 가격 전망에 완전히 반영하지 않는다는 의미이다. 따라서 유가가 매우 높을 경우에는 매도자는 현재 생산량에서 받을 수 있는 모든 가치를 시장에서 받을 수 없으므로 자산을 팔겠다는 매도자는 드물어진다.

그림 20-3 전체 거래 대금 및 건수

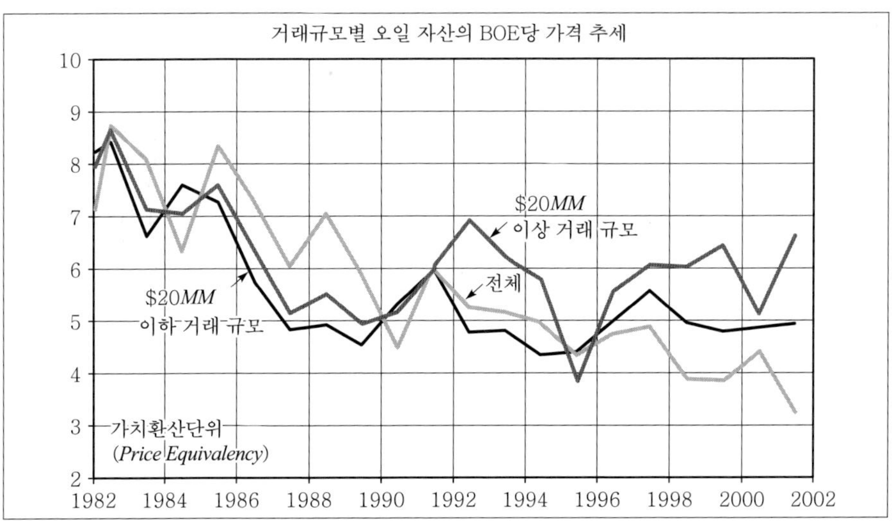

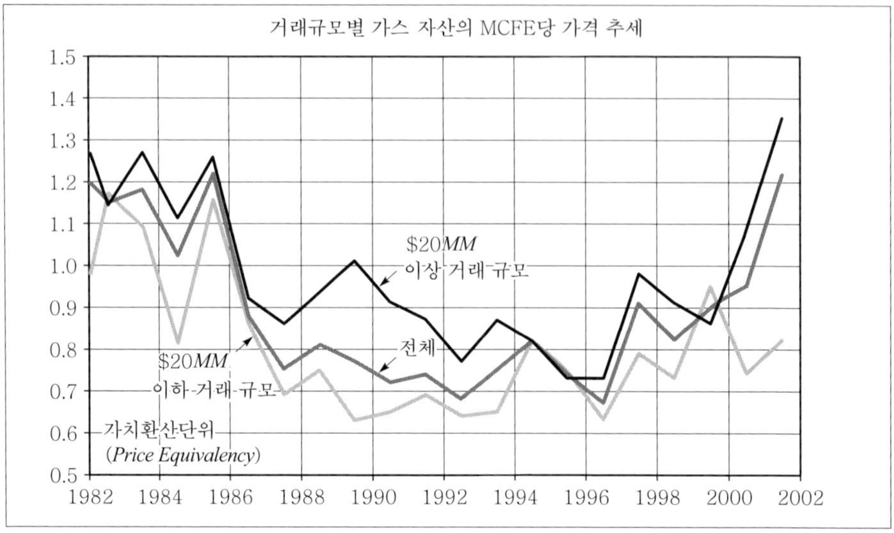

20-2 시장 배수 상승

2000년 중반까지 BOE 당 가격 상승은 단기적 이벤트가 아니었다. M&A 업계의 수많은 컨설턴트 및 투자은행은 정기적으로 그 당시 시장에서 매수에 성공한 회사들이 평가한 가격들을 분석하였다. 매수에 성공한 회사들의 한 가지 공통점은 자산을 선택함에 있어 공격적인 성향을 가지고 있고 그로 인해 상대적으로 시장 배수 대비 높은 프리미엄을 지불한다는 것이다. 최고가 입찰자들의 특성은 다음과 같다.

- 생산물 가격과 매장량 위험을 감당하기 어려운 범위까지 확대하여 평가한다. 확인 매장량은 위험이 없다라고 가정하고 매우 높은 위험을 보유한 추정(probable), 가능(possible)매장량 및 탐사 시추 등에도 가치를 부여한다.
- 유전의 예상하지 못한 예외적 지질학적 정보를 얻기 위해 완벽한 도표화 작업을 수행한다.
- 경쟁에서 이기기 위해 자산을 높게 평가할 수 있는 특별한 요소를 찾는다.
- 목표 자산에 대한 회사의 진정성 있는 관심을 보여주고 최대한의 노력을 기울인다.
- 확인 매장량이 아니라 추정 매장량(probable reserves) 및 가능 매장량(possible reserves) 개발을 통해 수익을 기대한다.

• 낮은 할인율을 적용하고 회사 간접비는 제외하고 분석한다.

이와 같은 방법들은 메이저들은 사용하지 않은 방법들이다. 메이저는 위와 같은 공격적 성향이 부족하면 경쟁적 입찰에 성공 가능성이 낮다는 것을 알기 때문에 메이저의 대부분 내부자들은 경쟁적 입찰에 참여하는 것을 시간 낭비라고 생각한다. 메이저들은 탐사 프로그램을 통해 충분히 새로운 매장량을 발견할 수 있기 때문에 활발한 인수 활동을 하지 않지만 소규모 독립계 회사들은 매장량 확보를 위해서 공격적 인수에 의존한다.

유가/가스가격이 높게 유지 되지 않는다면, 가격 헤지가 되지 않고 증권거래위원회(SEC)의 매장량 정의를 넘어서 매장량을 과대 평가한 거래는 수익이 발생할 수 없을 것이라고 컨설턴트들은 조언했다. 비공식 설문을 했던 2000년 이후 상승했던 유가 추세를 고려해볼 때 공격적으로 분석한 매수자들은 아마도 그들이 선택한 위험에 대해서 보상을 받았을 것이다.

제21장 기업 합병

유전 투자의 이해

[제21장 기업 합병]

최근 Exxon- Mobil, BP-Amoco-Arco, Chevron-Texaco 와 같은 메이저들 간의 합병이 있었으며 작지만 그러나 상당한 규모의 합병도 있었는데 이 거래들은 역사적 매장량 당 시장 배수를 상당히 초과하는 거래였다. 이렇게 높은 가격으로 거래되는 이유들은 다음과 같다.

- 회계상 지분 통합법[23]에 의한 합병은 합병법인이 주식교환을 통해 피 합병법인을 인수하는 경우를 의미한다. 이러한 경우 피 합병법인의 몇 개의 주식에 대해 합병법인의 1개의 주식을 발행하여 대금을 주식으로 지급하고 합병법인은 단순하게 피 합병법인의 장부가액 그대로 자산과 부채를 합병법인의 장부에 합치게 된다. 이러한 방법에 의할 경우 합병법인이 상당히 높은 가격을 지불하고 피 합병법인을 매수하더라도 부정적인 재무 효과가 즉각적으로 나타나지는 않는다. 왜냐하면 피합병법인의 장부 가액을 초과하여 지불한 금액이 자산 항목들에 배분되지 않기 때문이다[24]. 상당히 높은 가격으로 피 합병법인을 지분 통합법에 의

23) 역자주 : 매수법은 합병의 본질을 합병당사 회사간의 일반적인 교환거래로 보아 피합병회사의 자산 · 부채를 공정가액으로 회계처리하는 방법으로 합병대가가 자산의 공정한 시가를 초과하면 그 초과액을 영업권(goodwill)으로 반영하여 영업권을 일정 기간 동안 상각하는 반면, 지분통합법은 합병의 본질을 본래부터 동일한 실체인 두 회사가 경제적 가치의 변화 없이 법률적 소유구조만 변경하는 것으로 보아 피합병 회사의 자산과 부채가 장부가액 그대로 합병회사에 승계되는 것으로 회계 처리한다.

24) 역자주 : 지분통합법에 의한 회계처리 시 합병법인의 장부에는 피합병법인 자산의 공정 가치가 아니라 장부가치를 그대로 반영하기 때문이다.

해 합병하는 경우 합병법인의 주식이 희석되는 효과가 발생하므로 합병법인의 주주에게 있어서는 불리한 점이다.

- 계열화된 메이저는 해외 탐사 사업, 중류 부분(Midstream)사업, 정유사업, 판매사업 그리고 신규 사업을 찾기 위한 연구소 등을 포함하고 있다. 이러한 활동들은 BOE당 기업 가치를 상승시키는 요인이다.
- 자산 평가를 위해 일반적으로 사용되지 않는 평가법은 피 합병법인에서 발생하는 현금흐름을 합병법인의 자산에 재투자하는 평가법이다. 이 방법은 피 합병 기업이 창출할 것으로 예상되는 이익을 현재 합병회사의 포트폴리오에서 투자되지 않았던 사업에 투자되는 것으로 가정하며 그 결과 회사를 인수하는 것이 실질적인 가치 상승이 발생하는 것으로 나타나게 된다. 그러나 만약 예상과 달리 피 합병법인에서 이익이 창출되지 않으면 그러한 가치 상승은 발생하지 않게 되고 결과적으로 높은 가격으로 인수한 것이 된다.

상당히 높은 시장 배수를 설명하는 데 있어서 상기 두 번째와 같이 추가되는 상류 부문(Upstream) 이외의 자산 가치 때문인지 상기 첫 번째 이유 때문인지를 확인하기 위해서는 시간이 필요하다. BOE 당 취득 가격을 공개하여 추적할 수 있는 대다수 회사들에는 지분 통합법 회계처리를 하는 대규모 합병을 한 회사들이 포함되어 있다. 결과적으로 그들의 과거 몇 년간 시장 배수들은 자산 거래의 지표로서 사용될 수 없다. 수 십억 달러에 이르는 금액이 반영된 높은 시장 배수는 자산 거래에 보고된 수치를 무의미하게 만들고 그러한 대규모 합병이 포함된 수치들이 포함되어 있을 때에는 실제로 얼마에 매장량이 매각되었는지 확인하기 어렵게 된다.

표 21-1은 1979년 이후 매수법에 의한 역사적 시장 배수와 지분 통합법에 의한 역사적 시장 배수를 비교한 표이다. 표에서 보듯이 BOE 당 10.33 달러를 지급한 지분 통합법의 경우 BOE 당 4.78 달러를 지급한 매수법이 경우보다 더 많은 프리미엄이 지급된 것을 알 수 있다. 생산량 단위당 가격을 비교해보면 지분 통합법의 경우가 32,770 달러/BOEPD 로서 매수법에 의한 경우 12,980 달러/BOEPD 보다 더 많은 프리미엄이 지급된 것을 알 수 있다. 합병을 통해 취득한 매장량의 BOE 당 프리미엄이 5.55 달러 수준이라면 이는 매우 이례적인 경우이다. 왜냐하면,

표 21-1 매수법 및 지분 통합법에 따른 시장 배수 비교

	매수법에 의한 합병	지분 통합법에 의한 합병	합계
• 매장량 분류			
거래 수	1,609	128	1,737
거래 금액 - 백만 달러	76,587	358,665	435,252
거래 매장량 - 백만 BOE	16,033	34,714	50,747
평균 거래 매장량 - 백만 BOE	10.0	271.2	29.2
평균 거래 단가 - 달러 / BOE	4.78	10.33	8.58
• 생산량 분류			
거래 수	954	68	1,022
거래 금액 - 백만 달러	58,996	174,703	233,699
거래 생산량 - 천 BOEPD	4,545	5,331	9,876
평균 거래 생산량 - BOEPD	4,764	78,400	10
평균 거래 단가 - 달러 / BOEPD	12,980	32,770	23,663

(*) 1979년부터 2004년 1분기까지 자료

- 전략에 적합한 유전에서도 운영비 절감 효과와 시너지는 잘해도 BOE 당 2 달러 수준이다.
- 포트폴리오 일부인 탐사 프로그램의 가치는 대체로 BOE 당 2 달러 이하 수준이다.
- 정유 사업은 역사적으로 매우 적은 이윤만을 창출한다.

지분 통합법을 따를 경우 매장량 당 시장 배수를 더 높게 지급할 수 있다는 것을 고려해 볼 때 매수자는 지분 통합법에 따른 인수를 통해서 큰 무리 없이 매도자가 만족할 만한 수준까지 가격을 높혀 인수할 수 있다. 그림 21-1 A와 21-1 B에서 보듯이 각 거래 유형에 대해 BOE 당 가격 및 생산량 당 가격 그래프를 작성해 보면 지분 통합법에 의한 거래의 경우에 지급된 프리미엄이 더 많은 것을 볼 수가 있다.

지분 통합법에 따르는 회사들은 2년간 자산을 매각하는 것에 제한이 생긴다. 이러한 제한으로 인해 지분 통합법 회계 처리의 장점은 상쇄된다. 그리고 만약 지분 통합법에 따른 회계처리를 어기고 자산을 매각하게 되면 합병법인은 매수법에 따른 회계처리 방법으로 변경해야만 한다. 매수법에 따라 회계처리를 하게 되면 합병

그림 21-1A 및 21-1B 거래 유형에 따른 거래 가격 비교

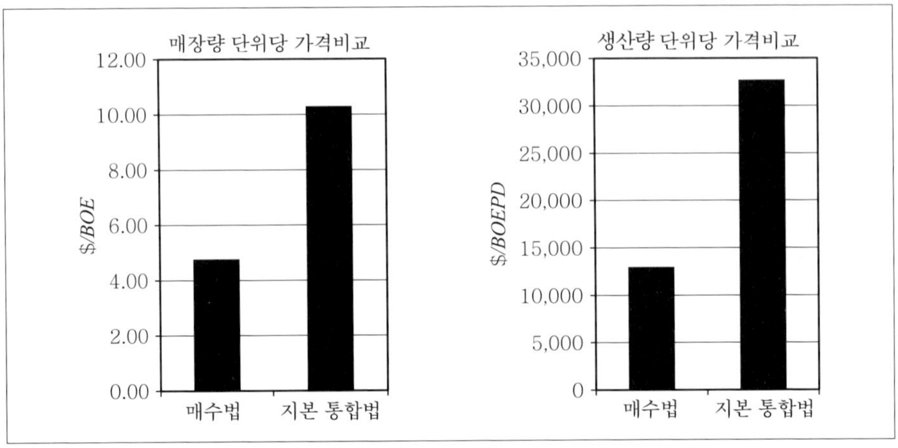

법인은 합병의 성격을 재정의하여 기업을 현금으로 인수한 것으로 처리되어 초과 지급된 현금가액은 취득한 자산에 배분되게 된다. 이러한 극단적 조치로 인해 회사들은 지분 통합법 회계처리에서 제한하고 있는 회계 정책을 명확히 따른다. 지분 통합법에서 매각 가능한 경우는 다음과 같으며 아래 열거 내용이 전부는 아니다.

- 합병 이후 2년 내 자산 매각은 합병의 결과로서 매각하는 것이 아니라 합병과 무관하게 기존 사업 정책에 따른 매각이어야 한다.
- 합병 후 2년 내 자산 매각의 총계는 다음 금액의 일정 비율보다 작아야 한다.
  - 모든 회사 자산의 전체 장부 가치
  - 회사의 시가 총액
  - 회사의 연결 매출액 및 영업 이익

그러므로 지분 통합법에 따라 회계처리를 하는 동안에 어떠한 자산이라도 매각을 할 경우에는 지분 통합법의 회계처리 정책에 부합하는 지를 검토해야 한다.

제22장 성과 평가

유전 투자의 이해

[제22장 성과 평가]

성공적 매수 및 매각에는 몇 가지 공통점이 있다. 그 중 하나는 매수 후 성과에 대해 책임 있는 분석을 정기적으로 수행하는 것이다. 매수에 따른 자금지출은 회사 예산 내의 어떤 지출보다 더욱 세밀하고 더 자주 검토된다.

매수 자산이 새로운 회사에 흡수되어 어느 정도 시간이 흐른 후 매장량, 생산량, 투자비 및 운영비 등이 우선적으로 비교된다. 이는 가장 적은 노력으로 기대와 성과의 차이를 분석 할 수 있는 명확한 지표이다. 지표 분석 결과에 따라 부족한 점을 명심한다면 다음 인수 시에는 수익률을 높일 수 있을 것이다.

그림 22-1과 같은 간편한 템플릿을 이용하면 모든 거래에서 생산량과 비용에 대한 추적이 가능해진다. 사전 인수 가치 평가 작업에서 검토한 이러한 지표들은 경영진이 검토를 원하는 한 실제 성과와 비교될 것이다. 매각의 경우에는 실제 발생한 비용을 매수자만이 알 수 있으므로 매도자는 예상과 실제를 비교하기 어렵다.

프로젝트의 투자 시점은 프로젝트 성공을 위해서 가장 중요한 요소이다. 만약 공동 소유자가 예상하지 못한 지출승인서(AFE, Authorizations For Expenditure)에 대해 이의를 제기한다면 인수한 프로젝트의 대부분은 예상 대비 낮은 수익률을 보인다. 공동 소유자들은 지출승인서(AFE)를 승인하기 전 새로운 매수 회사의 전반적 계획을 요청하기 위해 운영자 회의를 요청한다. 이러한 요청으로 인해 매수자는 계획과 다르게 운영 상의 지연이 항상 발생한다.

회사는 인수 자산의 성과 평가를 위해 일관성 있는 사전 인수 분석 및 사후 검토 시각을 갖는 것이 매우 중요하다. 프로세스가 일관성 있고 통합되어 있다면 주요 변수의 구분 및 비교가 더욱 간단해질 것이다.

그림 22-1 자산 거래 후 성과 평가표

회사명 : ABC Production Inc. 발효일(Effective Date): 2001 년 7월 1일

거래 개요 : Bonanza 유전에 위치한 사업 지분 40% 를 5.4 백만 달러에 인수

1. 인수 전 경제성 분석 결과

연도	생산량		유가/가스가격		매출	운영비	영업이익	투자비
	BBL	MCF	$/BBL	$/MCF	천 달러	천 달러	천 달러	천 달러
2001	200,000	100,000	19.00	2.60	4,060	650	3,410	0
2002	160,000	80,000	19.57	2.68	3,345	670	2,676	600
2003	128,000	64,000	20.16	2.76	2,757	690	2,067	0
2004	102,400	51,200	20.76	2.84	2,271	710	1,561	0
2005	81,920	40,960	21.38	2.93	1,872	732	1,140	350
2006	65,536	32,768	22.03	3.01	1,542	754	789	0
2007	52,429	26,214	22.69	3.10	1,271	776	495	0
2008								900
Totals	790,285	395,142	–	–	17,118	4,981	12,138	950

인수 효과 : ABC는 유전의 운영권자로서 생산비를 낮출 수 있을 것으로 예상됨

2. 인수 후 경제성 분석

연도	생산량		유가/가스가격		매출	운영비	영업이익	투자비
	BBL	MCF	$/BBL	$/MCF	천 달러	천 달러	천 달러	천 달러
2001	220,000	115,000	21.00	3.00	4,965	550	4,415	0
2002	165,000	92,000	23.00	2.80	4,053	567	3,486	680
2003	120,000	58,000	27.00	4.10	3,478	583	2,894	0
2004								
2005								
2006								
2007								
2008								
Totals	505,000	265,000	–	–	12,495	1,700	10,795	680

검토 의견 : 유가/가스가격이 예상 대비 상승, 3D 탄성파 탐사 자료의 질이 예상 대비 떨어짐

담당자 : ____________________ 날짜 : __________

제23장 교훈

23-1 프로세스
23-2 실무 팀 구성
23-3 평가
23-4 협상
23-5 실행

유전 투자의 이해

[제23장 교훈]

이 장에서는 경험을 통해 배운 교훈들을 요약해 보려 한다. 어떤 내용은 이미 여러 장에 걸쳐 언급하였지만, 다시 언급할 가치가 있는 것들이다.

23-1 프로세스

- 인수과정은 매우 복잡하며 눈에 잘 띄지 않는 위험들이 도사리고 있다. 잠재적 매수자는 기술 분석력을 충분히 보유하고 있어야 하며 그러한 기술 분석력 유지에 소요되는 비용을 아끼다가 인수에 실패하는 것을 경계해야 한다.
- 신속성과 열정은 회사의 자산이다. 일반적으로 느린 반응 및 소극적 접근은 어떠한 경우에도 인수에 도움이 되지 않는다.
- 회사 전략에 가장 부합하는 인수 대상을 선별하기 위한 과정은 신속하고 효율적인 경영진과 경험 있는 사람들에 의해 수행되어야 한다.
- 좋은 인수 팀은 자산 매각 경험을 보유하고 상대의 관점을 이해할 수 있는 경험을 보유한 사람들로 구성해야 한다.

23-2 실무팀 구성

- 철저한 분석을 위해서는 다양한 전문가들의 의견이 필요하다. 자산에 대해 검토를 많이 할수록 위험 및 추가 개발 가능성을 더 이해할 수 있고 더 정확하게 자산을 평가할 수 있다. 상대적으로 수명이 길고 추가개발가능성이 많은 자산을 분석하기 위해서는 지구과학자, 지구물리학자, 석유 공학자, 시추 엔지니어, 운영 및 설비 엔지니어, 매장량 및 생산 공학자가 필요하다.
- 팀은 자산인수에 대해 집중력을 발휘해야 하고 열정적이어야 한다. 또한 이 팀은 인수 후 자산의 성과에 대해서 인센티브를 받을 수 있는 한편 동시에 책임도 질 수 있어야 한다.
- 경쟁은 치열하다. 많은 회사들은 충분한 탐사 프로그램을 보유하고 있지 않으므로 생산매장량을 유지하기 위해서 자산을 인수해야만 한다. 성공적인 회사는 인수 후 성과에 대해서 책임 소재를 명확히 구분하고 이번 인수로부터 다음 인수까지의 일관성 있는 보고서를 만들 수 있는 팀으로 구성한다.

23-3 평가

- 확인 매장량을 이해하는 것은 자산의 기존 가치를 결정하는 데 있어 매우 중요하다. 추가 이익 가능성(upside potential)을 확인하는 것은 매수자가 경쟁자와 차별화된 제안을 하는 데 있어 매우 중요하다. 반대로 매도자의 경우 자산을 보유할 지 매각할 지를 결정하는 데 있어 추가 이익 가능성(upside potential)은 중요하다.
- 생산량 예측이 확정된 이후에는 기존 계획된 생산량 곡선과 이전 3년간 실제 생산량 곡선의 차이를 확인하고 그 차이에 특이사항이 있는 경우에는 충분한 설명이 필요하다.
- 자산의 가치를 완벽하게 평가하고 검토하기 위해 충분한 노력을 하는 것이 현명하다. 인수 전에 지질학적 특성을 이해하기 위한 지질 지도 제작은 매우 중요하며 가치 평가 과정에서 실수를 줄이기 위해 필수적인 과정이다.
- 매도자는 추가 이익 가능성(upside potential)을 보여줘야 한다. 매수자에 따라 위험을 다양하게 평가하나 최고가 제안을 받기 위해서는 추가탐사가능성에 대해

서 위험을 아주 낮게 평가하는 한 명의 매수자만 있으면 된다.

- 먼 미래에 발생하는 비용이긴 하지만 폐공 비용 및 환경 비용에 대한 철저한 분석은 필수적이다.

23-4 협상

- 협상 리더는 자산 가치 및 원가 동인에 대해 잘 이해하고 있는 것이 중요하고 엔지니어도 계약서의 계약 조건들에 대해 이해하고 어떤 부분이 큰 비용 없이 협상 가능한지 알아야 한다. 팀원들은 가격과 조건에 있어 최고의 결과를 얻기 위해서는 면밀하게 상호 협력해야 한다.
- 다양한 이슈에 대해서 다수의 협상가들로 팀을 구성하지 말아야 한다. 이는 혼란을 야기할 뿐만 아니라 매도자가 각각의 협상가들을 각개 격파하여 원하는 것을 얻게 만든다. 만약 2명 이상의 협상가가 필요하다면, 모든 프로세스에서 그들간의 의사소통이 원활하도록 해야 한다는 점을 명심해야 한다.
- 협상이 한창 진행되는 도중에 협상이 결렬되는 부정적 충격을 방지하기 위해서는 협상 초반에 협상 불가 사항들을 공개해야 한다. 가능한 빠르게 협상 불가 사항을 확인하고 언급하는 것이 회사의 평판을 지킬 수 있는 방법이다.
- 상대방에게 뭔가를 주기 전에 상대방의 협상 목록을 구하도록 하라. 그러면 당신은 그들이 무엇을 원하는 지 알고 그것이 그들에게 얼마나 중요한지 알 것이며 상대방에게 대답을 하기 전에 각 아이템들의 상대적인 가치를 평가할 수 있게 된다. 우리의 협상 목록을 가능한 상대방에게 제공하지 말고 유동적인 상태라고 말하라. 상대방이 원하는 것을 확인하여 상대방에 대해 더 많은 것을 아는 상태에서는 우리의 협상 목록을 공개해도 된다.
- 상대방이 평가하는 상대적 가치를 판단하라. 당신이 원하는 가치이지만 상대방에게 더 높은 가치가 있는 것을 포기할 준비를 하라.
- 상대방과 대면하는 과정에서 새로운 이슈가 발생하였다면, 상대방이 있는 곳에서 새로운 이슈의 가치 또는 장점에 대해서 절대로 토론하지 마라. 내부적으로 그것이 전혀 가치가 없을 지라도 그 이슈는 상대방에게는 중요할 수도 있으므로 협상에서 잘 활용될 수도 있다. 그 이슈에 대한 결정을 위해서는 내부적으로 협

의하는 것이 필요하다고 상대방에게 알려라.

- 어떤 부분을 동의한 이후에 최후 승인권자의 결정이 필요한 사안인데 실수로 동의했다고 말하는 것은 옳지 않은 협상이다. 당신의 권한에서 동의할 수 있는 사항이 무엇인지를 알아야 하며 어떤 사안이 승인권자의 승인이 필요한 사안인지를 처음부터 알아야 한다.
- 만약 어떤 사안이 처음 언급되었을 때 상대방이 그 사안에 대해서는 의사결정권을 가지고 있다고 하였다면 상대방은 상위 의사결정자에게 그 사안에 대한 의사결정을 미룰 수 없으므로 당신은 그 사안에 대해 더욱 적극적으로 협상할 수 있는 유리한 입장에 놓이게 된다.
- 만약 어떤 단계에서 거래를 완료하는 것이 거래를 완료하지 않는 것과 거의 동일한 가치를 지닌다면 협상을 지속하지 않는 것이 바람직하다.
- 마감기한, 구체적인 일정 그리고 기간을 정할 때는 정확한 은행 명칭을 확인하고 마감기한이 영업일인지 휴일인지 그리고 날짜 계산이 달력 기준인지 영업일 기준인지를 언급해야 한다.

23-5 실행

- 우선 거래 완료 시점에서 매매되는 자산들을 확인해야 한다. 패키지 자산을 사는 경우라면, 회사의 전략과 부합하지 않는 자산이 당신의 포트폴리오에 포함되게 두면 안 된다.
- 운영 상황의 개선을 위해서 시추 및 시추정 보수 작업을 신속하게 추진해야 한다.
- 인수 이후에는 인수 팀을 현장 작업에 6개월 정도는 투입하는 것이 좋다.

요컨대, 성공적인 회사는 경험이 많은 전문가들로 구성된 팀을 가지고 있다. 그림 23-1은 인수 작업에 반드시 필요한 전문가를 보여주고 있다.

그림 23-1 프로젝트 참여자 영향도(Influence Diagram)

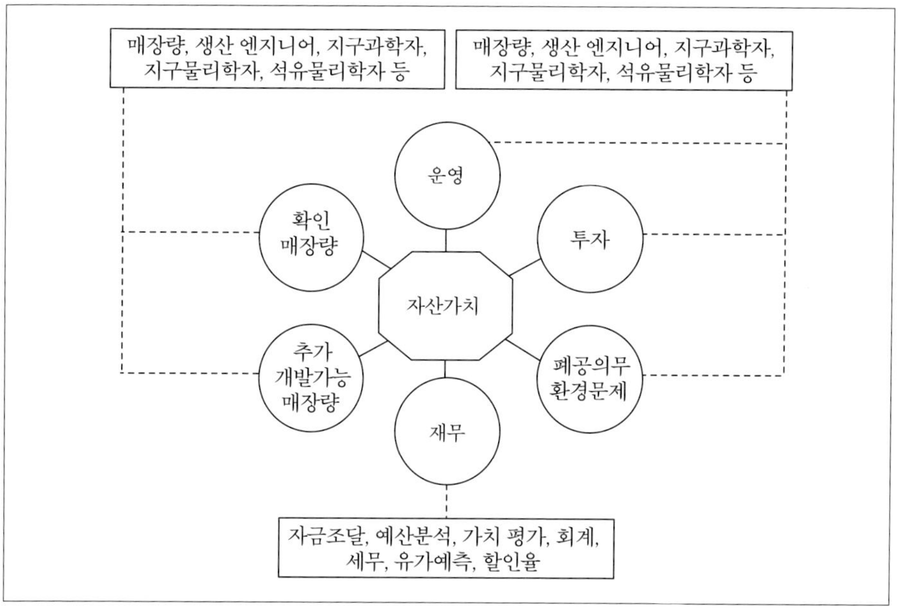

자산의 매력도에 상관 없이 인수 자산에 배팅하는 것은 추천하지 않는다. 위험 및 불확실성을 고려해볼 때 실패의 위험은 항상 있다. 회사가 망할 수도 있는 최악의 시나리오가 발생할 수도 있는 자산을 인수하는 일은 누구에게나 일어날 수 있는 일이다. 그런 일이 당신에게 일어나지 않도록 하라.

제24장 사례 연구

24-1 그룹 1, 우수한 생산 자산 거래
24-2 그룹 2, 생산이 감소하고 있는 자산의 매각
24-3 그룹 3, 자산 교환

유전 투자의 이해

[제24장 사례 연구]

이 장에서는 실제 매매 사례 연구를 통해 책에서 설명한 내용이 어떻게 적용되는지 보여주려 한다. 앞으로 설명하는 거래는 크게 세 종류로 나누어지고 이는 산업에서 발생하는 거래의 대부분을 포함한다.

그룹 1 : 우수한 생산 자산 거래 (사례 7개)

그룹 2 : 생산이 감소하고 있는 자산의 매각 (사례 2개)

그룹 3 : 자산 교환 (사례 3개)

거래 역사를 보면 똑같은 거래는 한 건도 없다. 협상 진행 과정이 동일한 경우도 없다. 끊임없는 훈련과 현명한 판단 그리고 경험만이 수익을 내기 위한 합리적 의사결정을 이끌 수 있다.

24-1 그룹 1, 우수한 생산 자산 거래

■사례 연구 1 : 멕시코 만 탐사정 거래

○거래 개요

기존 플랫폼에서 탐사 시추에 의해 두꺼운 중신세(Miocene) 시대의 가스층이 시추되어 물리 검층자료 및 코어샘플이 채취되었다. 검층(log) 및 코어 분석(core analysis)을 해 본 결과 높은 유정 완결율이 예상되지만, 매장량을 평가할 수 있는 결정적인 자료는 없었다.

이러한 발견과 관련하여 비운영권자들은 매장량의 불확실성으로 인해 유정 완결하기 위해 필요한 투자를 꺼리고 있었다. 이 프로젝트의 현재가치는 다른 투자 기회들에 비하여 경쟁력이 없었다. 기술적 한계 및 파트너의 비 협조 등으로 인해 운영권자는 개발 계획을 추진하지 않았다. 결과적으로 비운영권자는 단독으로 새로운 유정을 포함하여 기존 유전을 매각하려는 시도를 하게 되었다. 운영권자는 우선 매수권을 보유하고 있었다.

매각을 위한 매장량 평가보고서는 받지 않았다. 왜냐하면 매도자가 보여주길 원하는 추가 이익 가능성(upside potential)에 비하여 확인 매장량이 너무 낮게 계산되어 있었기 때문이다. 따라서 내부 보고는 추가 이익 가능성(upside potential)을 강조하는 방향으로 준비가 되었다.

해당 자산은 8개의 회사에게 공개되었다. 그러나 한 개의 회사로부터만 제안을 받았으며 추가 이익 가능성(upside potential)에 비하여 실망적인 제안이었다. 각각의 개발 옵션에 적절한 가중치를 부여하는 의사결정 트리 분석법(decision tree analysis) 을 사용하여 시장가격을 다시 계산하였다. 이러한 평가 방법을 통해 내부적으로 더 합리적인 시장 가격을 재 도출하여 그 제안은 받아들였다. 이 매수 제안을 받은 대부분의 회사는 위험 계수 반영 분석법(risked analysis)을 사용하여 프로젝트의 수익률을 계산하였으며 그들은 그러한 수익율이 실현 불가능할 것이라고 생각했다.

거래가 완료된 이후 매수자는 운영권자로부터 유정에 대한 지분을 취득하여 프로젝트의 통제권을 확보하였다. 이를 통해 매수자는 추가개발을 통해 취득 당시 예상보다 매장량을 두 배로 늘려서 간접비(overhead)를 반으로 줄일 수 있었다.

매수자는 거래 완료 이후 3개월 만에 유정을 완결하였다. 매장량은 몇 년에 걸쳐서 생산되었고 결과적으로 추가 이익 가능성(upside potential) 의 대부분을 회수하였다.

○참여자들의 관점

- 매수자 : 중견규모의 독립계 석유회사로서, 회사는 인수 과정에서 몇 가지 주요 목적을 달성하는 것을 목표로 했다. 인수한 매장량이 수명 주기의 초기단계에 있어서 탐사 위험이 없어야 했다. 매수자는 뛰어난 평판을 가진 기술팀을 보유하였으며 그들은 자료가 충분치 않았음에도 불구하고 매장량 계산에 자신이 있었다. 플랫폼 및 파이프라인 등의 인프라는 이미 설치되어 있어서 비용 이슈 및 건설 지연 등도 발생하지 않았다. 회사는 단기간 내에 재무적인 성과를 낼 수 있는 의미 있는 자산을 취득하기를 원했다. 추가로 취득한 사업 지분(working interest) 및 높은 유정 생산량은 회사의 훌륭한 현금창출 자산이 되었다. 운영권자는 매수자가 과거에 자산 거래를 했던 회사로서 이 관계를 이용하여 운영권자의 우선매수권 행사로부터 발생할 수 있는 매매의 잠재적 위험 가능성을 제거할 수 있었다.
- 매도자 : 자산을 매각하려는 주요한 이유는 역시 매출 목표를 충족하기 위해서였다. 매각한 자산의 매장량과 생산량은 회사가 보유한 생산 포트폴리오 중에는 가장 하위권에 있었다. 만약 회사가 유정 완결에 투자한 이후에 예상 대비 낮은 매장량 때문에 그 자산을 판다면 다른 좋은 사업에 투자할 수도 있었을 자금을 잃게 되는 것이다. 매장량에 대한 정보 부족, 운영권자에 대한 확신 부재 그리고 통제권 부재는 자산의 불확실성을 더욱 가중시켰다.

○교훈

매수자는 공격적이고 기술적으로 능력이 있어야 하며 인수의 모든 절차 및 요소에 대해서 과거에 성공한 경험을 보유하고 있어야 한다. 매도자는 매각 가격이 더 높았기를 원했지만, 추가 개발 프로젝트를 참여할 경우의 위험을 받아들이고 싶어하지 않았다. 시장 공정가치는 매각 시점에 프로젝트에 대한 시장의 인식을 반영하여 할인된 가격이었다.

■사례 연구 2 : 남부 루이지애나, 오래된 내륙 유전 인수 제안

○거래 개요

신생 회사가 100개 이상의 유정을 보유하고 상당한 생산설비를 보유한 오래된 내륙의 유전을 인수하는 공격적인 제안을 하기 위해 메이저에게 접촉을 하였다. 단지 6개의 생산정이 남았으며 유전의 수명은 5년 이하로 예측이 되었다. 많은 수의 우회시추(sidetrack) 및 재 작업 기회들이 확인되었으나 메이저는 예산 제약 때문에 추가적인 자금 투자는 원하지 않았다. 생산량 곡선의 하락에 따라 더욱 유전의 가치가 하락하게 되었고, 메이저는 자산을 매각하는 것을 고려해보기로 했다.

매수자는 매수 제안 가격은 전체 유전에 대한 매장량 보고서(engineering report)에 근거할 것이라고 메이저에게 통지하였다. 매수자는 자산의 매수 의사가 매우 높으며 자금조달 및 제안의 기초가 되는 공개된 자료의 확인 차원에서 매장량 보고서가 필요하다고 요청했다. 또한 매수자는 보고서가 서로에게 도움이 될 것이라고 제안하였다. 만약 보고서에 추가개발가능지역이 있는 것으로 확인된다면, 인수가격은 올라갈 것이다.

매수자의 신용 부족으로 인해 폐공 의무를 충족하기 위해서는 상당한 보증금이 요구되었다. 메이저는 매수자가 향후에 이러한 의무를 이행하지 못하게 되어 주정부에 의해 다시 메이저로 책임이 돌아오는 것을 원하지 않았다.

메이저는 매수자가 확실한 제안을 위해서는 매장량 보고서가 필요하다고 하는 것에 대해 달갑게 생각하지 않았다. 메이저 입장에서 매수자의 최초 제안은 단순히 매매 프로세스를 시작하여 해당 유전에 대해 배타적인 협상을 이끌어 내려는 의도였던 것이고 궁극적으로 매장량 보고서가 나오면 제안가격을 낮출 것이라고 생각했다.

매수자는 폐공 의무에 대해서 이행보증금을 요청하는 메이저의 요청이 마음에 들지 않았다. 그러나 매수자는 메이저가 자산을 매각할 때에는 일반적으로 폐공 의무가 이행될 것이라는 전제 하에 이루어진다는 것을 이해하였다.

양 당사자는 거래가 이루어지길 원하였고 프로세스를 계속하고 거래를 마무리하기 위한 협상을 하기로 결정했다.

매수자는 메이저에게 자산 검토를 위한 상당한 양의 정보 요청서를 송부하였다. 메이저는 매수자의 매장량 평가기관을 위해서 데이터 룸과 같은 것을 요청하는 것으로 이해하였다. 메이저는 매수자에게 만약 이러한 방법을 따라 데이터를 모아 데이터 룸을 열게 되면 다른 회사들도 입찰에 참여하게 해야 한다고 말하였다. 매수자는 이런 경우에 입찰이 되는 것이고 거래는 그 입찰가격에 따라 마무리되어 유전이 경쟁적인 입찰 절차로 가는 것이라고 생각하였다. 매수자는 다른 회사들과 입찰을 하여 배타성을 잃고 인수를 진행하는 것보다는 인수를 포기하고 메이저와 협의하는 것을 중단하였다.

이러는 와중에 2000년 겨울에 가스 가격은 전례 없이 높은 가격으로 올라 mcf 당 9 달러가 되었다. 순 매출은 4배가 되었고 엄청난 양의 데이터 요청에 대한 부담으로 인해 유전을 매각하려는 결정은 재검토되었다. 추가 투자금이 높은 수익성을 보이는 유전의 좋은 기회들에 지출되었다. 유전의 생산량 및 현금흐름은 빠르게 증가하였으며 생산원가는 감소하였다. 유전은 수년간 매각할 계획이 없는 핵심 자산이 되었다.

수 개월 후에 그 잠재적 매수자는 오래 기간 쌓아온 자산들을 매각하기 위해 유전 중개인과 계약하였다. 위의 매매에서 중요한 기준이 된 폐공 의무를 이행할 수 있는 지에 대한 신용도는 값을 헤아릴 수 없을 만큼 큰 가치가 있었던 것이다. 왜냐하면, 자산의 매수자는 폐공 비용 대비 회사의 가치가 낮은 작은 회사여서 그 자산을 인수하지 못하였기 때문이다.

○참여자들의 관점

- 매수자 : 소규모 회사는 규모를 늘리기를 원했고 이 유전의 인수를 통해서 그 목표를 달성하려 했다. 인수를 통해 회사는 생산량을 두 배 이상 늘릴 수 있었을 것이고 다양한 투자 기회를 얻을 수 있었을 것이다. 메이저에게 높은 가격을 제안하여, 지나치게 낮은 가격을 제안함으로써 생길 수 있는 부작용은 성공적으로 차단하였다. 매수자가 제3자 매장량 보고서를 요청하지 않았다면 경쟁 입찰 없이 인수 할 수도 있었을 것이다.

– 매도자 : 이러한 제안은 경제성이 한계에 도달하여 추가 투자하기가 쉽지 않는 자산을 매각할 수 있는 기회를 제공해준다. 만약 거래가 진행되면 보증금의 형태로 폐공 비용 관련 보증금을 요청하는 것은 당연한 것이다. 데이터 룸을 공개하는 것은 유전의 경쟁력 있는 시장 가격을 설정하기 위한 방법이다.

○교훈

매수자는 거의 그의 목적을 이루는 듯 했다. 만약 매장량 보고서가 필요하지 않았다면 거래가 성사되었을 것이다. 만약 매수자가 높은 가격과 함께 낮은 매장량을 받아드릴 수 있었다면 거래를 완료할 수도 있었을 것이다. 대규모 독립계 석유회사는 사전적으로 제안을 평가할 수 있는 자원을 가지고 있다. 매수자는 가스가격 상승에 따른 이익을 실현하기 위해 회사의 외형을 키우기보다는 회사를 매각하기로 결정하였다.

매도자는 숨겨진 가치를 이해하기 위해서 더욱 철저하게 검토해야 한다. 이를 통해서 매각하기보다는 보유하기로 결정했을 때 숨겨진 투자 기회에 투자 할 수 있는 준비를 할 수 있다.

■사례 연구 3 : 남 · 북부 루이지애나 소재 비운영 패키지 자산의 거래

○거래 개요

메이저들은 1950년대부터 1990년대에 걸쳐서 루이지애나에 지분율이 낮고 비운영중이며 생산 중인 수많은 자산을 가지고 있었다. 대부분의 이런 유전들은 관리가 필요한 상태에 있고 지출승인서(AFE)는 검토 없이 승인되는 등 관심을 적게 받았다. 신생 회사들은 이러한 상황을 적절한 비용 지출을 바탕으로 다각적인 포트폴리오를 구성하는 기회로 삼는다.

신생 회사는 메이저들 중 하나에게 접촉하여 제안서를 제출하고 회사의 경영 계획을 설명하였다. 메이저는 30개의 낮은 사업 지분(working interest)들로 구성된 패키지를 매각할 것을 제안 받았다. 그 유전들은 그 메이저가 오래 전부터 운영하던 곳이라 매장량 및 추가 이익 가능성(upside potential)을 완벽하게 평가할 수 있는 자료가 제대로 보관되지 않았다. 결과적으로 오랜 기간의 가스 불균형(gas imbalance) 및 추정된 폐공 비용을 고려하여 인수가격은 시장 배수법($/BOE, $/BOEPD, 연간 현금흐름)에 따라 제안되었다.

유전 선정에 대한 협상을 거친 후에 가격은 결정되었고 보증 조건(bonding requirement)도 확정되고 거래가 성사되었다. 이 패키지는 예상대로 득실이 명확하지 않은 것으로 판명되었다. 수 많은 우선매수권이 행사되었고 수익성 좋은 곳에 수 많은 시추가 있었으며 어떤 유전들은 단기간 내에 폐공 되었으며 일부 가스 불균형(gas imbalance)는 회복되지 못하였다.

메이저의 주요 리스크는 다음과 같았다.

- 매장량 보고서 없이 유전 매각
- 추가 이익 가능성(upside potential)을 확인할 수가 없었다는 점

신생 회사의 주요 리스크는 다음과 같았다.

- 회사를 설립하는 동안 자료를 검토해야 하는 살인적인 업무량
- 유전의 하방 위험을 빠른 시간 내에 파악해야 함
- 폐공 의무가 예상과 다르게 상당히 높을 위험
- 우량 유전의 공동 소유자가 우선매수권을 행사하여 그 유전이 패키지에서 제외되는 위험
- 자산의 정확한 가치를 알기 위한 결정론적 공학적 평가(deterministic engineering evaluation) 방법의 부족

○참여자들의 관점

- 매수자 : 매수자는 인수를 통해 다음과 같은 장점이 있었다.
  - 상당한 규모의 생산 자산 포트폴리오를 즉시 취득할 수 있었다.
  - 모든 유전에 운영 인프라가 이미 설치가 되어 있었다.
  - 통계적으로 볼 때 일부 자산에는 추가 이익 가능성(upside potential)이 있을 것 같았다.

- 운영권자와 공동 소유자들간의 관계를 통해 새로운 회사를 설립하는 데 도움이 될 수 있었다.

• 매도자 : 메이저는 매각을 통해 다음과 같은 장점이 있었다.
- 비중이 작은 많은 수의 유전을 현금화 할 수 있었다.
- 수 년 동안 심해진 수많은 가스 불균형(gas imbalance)를 정산할 수 있었다.
- 회계 시스템에서 300개 이상의 자산 코드를 정리할 수 있었다.
- 비운영자산에 대해 책임을 가지고 있던 소규모의 기술진들이 더 높은 가치가 있는 자산에 집중할 수 있게 되었다.
- 소규모 가족 회사가 운영 중인 유전에서 운영에 문제가 발생하였을 경우에 메이저에게 법률적 위험을 줄 수 있는 유전을 매각하였다.

○교훈

위 거래의 주요 교훈은, 매수자는 전략이 있었고 전통적인 분석 방법을 탈피한 제안을 했다. 이 사례에서 양 당사자는 거래의 결과에 모두 만족했다.

■사례 연구 4 : 멕시코 만 소재 고갈 시점의 자산 거래

○거래 개요

플랫폼 폐기가 핵심사업인 글로벌 서비스 회사의 생산 자회사는 메이저에 접근하였다. 자회사는 2년 정도 양(+)의 가치가 남아 있고 고갈까지 수년간 소량의 생산이 가능한 유전의 인수를 원했다.

양 당사자는 좁은 범위의 가격 차이를 보이며 인수가격 협상이 지체되고 있었다. 매수자는 두 개의 생산정이 남았고 생산 위험이 매우 높다는 것을 강조했다. 개발된 하나의 유정에만 기술적 결함이 발생해도 가치에 큰 손실을 주게 되고 그 거래는 수익이 나지 않을 것이었다. 매도자는 가치 평가에 있어서 추가개발가능성이 있고 기술적 결함을 없을 것이므로 높은 가격 제안이 적절하다고 주장했다.

매수자가 메이저에게 단기간 내에 플랫폼의 폐기가 필요한지를 물으면서부터 교착상태는 해결이 되었다. 메이저는 그 해에 서쪽 멕시코 만에서 폐기할 플랫폼이 있었다. 매수자의 모회사는 자회사가 생산 자산을 인수할 수 있도록 경쟁력 있는 플랫폼 폐기 비용을 제안하였다. 자회사와 모회사가 협력한 덕분에 제안은 메이저에게 받아들여졌고 거래는 성사되었다.

○참여자들의 관점

- 매수자 : 매수자는 모회사의 예산 범위 내에서 최소한의 비용으로 포트폴리오를 구성하기를 원했다. 유정은 기술적 문제들이 없었으며 한 유정은 낮은 압력에서도 예상보다 오랜 기간 생산하였다. 결과적으로 예상했던 수익보다 더 높은 수익을 남길 수 있었다.
- 매도자 : 매도자는 낮은 가치의 유전과 플랫폼 폐기 책임을 처리하기를 원했다. 유전은 위험 수준에 적합한 공정 가격으로 매각되었고 플랫폼은 경쟁력 있는 시장 가격으로 폐기되었다.

○교훈

이 거래로부터 받을 수 있는 주요한 교훈은 거래가 성사 불가능해 보일 때라도 두 회사가 합리적인 목표 및 매매의 필요성을 가지고 있고 지속적으로 의사소통하고 상식에 기반한 노력을 할 때 거래는 성공적으로 이루어 질 수 있다는 것이다.

■사례 연구 5 : 남부 루이지애나 소재 능동적 공동 소유자와의 거래

○거래 개요

메이저 및 대형 독립계 석유회사는 수 십 년 동안 습지에서 서로 인근 지역의 리스를 운영해왔다. 두 회사간의 운영의 시너지는 분명히 있을 수 있었으나 상호에게 어떤 유익한 프로젝트도 제안된 적은 없었다. 각 회사가 경쟁적으로 운영하고 있는 수많은 서로 인접한 유정들로 인해 각 회사의 저류층은 광범위하게 서로 겹쳐져 있었다.

신규 개발 기회가 점차 감소하고 유전은 점차 고갈이 되고 있었기 때문에 메이저는 이 유정들을 폐공 처리 하려 하지 않았다. 그러나 이 자산의 가치는 엄청난 폐공 비용으로 인해 심하게 영향을 받고 있었다. 떨어지는 유전의 가치에도 불구하고 유정 작업에 주의를 많이 하지 않았고 독립계 석유회사도 마찬가지로 관심을 가지지 않았다.

회사는 메이저에게 접촉하였고 매각할 의사가 있는 지를 타진하였다. 메이저는 다음과 같은 다양한 이유로 대형 독립계 석유회사에게 제안을 해보라고 요청하였다. 대형 독립계 석유회사는

- 유전에 대한 지식이 풍부하고 공동 참여자이기 때문에 적절한 매수자이다.
- 다른 회사에 비교하여 자산 실사의 요구가 크지 않을 것이다.
- 상대적으로 규모가 크고 재정적으로 안정되어 있어서 폐공 의무를 수행할 수 있을 것이다.
- 인수 시 높은 가격을 지불하는 것으로 알려져 있었다.

메이저는 독립계 석유회사에게 유전을 매각 하지 않고 시장에 매각하면 이 정도 규모의 유전은 더 높은 가격을 받을 수 있었으나 메이저는 제안을 내보라고 요청하였다. 제안은 내부적으로 계산한 유전의 기대 가치를 상당히 초과하였고 가벼운 협상 후에 거래는 성사되었다.

○참여자들의 관점

- 매수자 : 매수자는 공격적인 운영권자이며 확인된 투자 기회에 자금을 투자할 의향이 있고 자금이 준비되어 있었다. 매수 이후 운영상의 시너지가 발생하였고 수익성의 한계에 도달한 리스를 제거하여 이 거래는 독립계 석유회사에게 상당한 수익을 거두게 해주었다.

- 매도자 : 메이저는 매각 가격이 공정 가격보다 높다고 느꼈다. 왜냐하면 유전의 가치는 수동적인 운영이 지속되면서 계속 하락하고 있었기 때문이다.

○교훈

양 회사는 이 거래의 결과가 매우 만족스러웠다. 매수자는 더욱 성공적이었다. 왜냐하면 이 거래를 통해 업계의 경쟁자와 관계를 유지할 수 있게 되었기 때문이다. 기회의 문이 열렸을 때 그것을 이용해야 한다.

■사례 연구 6 : 동부 텍사스 소재 공학적 불확실성이 있는 자산의 거래

○거래 개요

유전 중개인은 매각의사가 없는 메이저에게 텍사스의 가장 큰 유전에 있는 소규모의 비운영 사업 지분(working interest)에 대해 매각제안을 하였다. 유전은 50년 이상 오일이 생산되어 왔으며 유전에는 발견 이후 생산하지 않고 닫아 놓은 가스층(gas cap)이 있었다. 그 제안은 거절하기 어려웠다. 왜냐하면 그 가격은 약 5년간의 오일 생산에서 발생하는 순현금흐름이었기 때문이다. 그러나 잠재적인 가스의 가치를 고려해봤을 때 그 제안가격은 낮아 보였다.

메이저는 유전을 매각해야만 하는 이유가 없었기 때문에 그 제안을 거절하였다. 유전 중개인이 3 차례에 걸쳐서 더 좋은 제안을 가지고 찾아왔다. 끝내 메이저는 유전 중개인에게 유전 가치가 충분하게 평가되었기 때문에 매각을 고려해보겠다고 말했다.

장기간의 생산 이력과 구조의 가장자리(oil rim) 지역의 추가 탐사 시추에 대한 제한된 잠재력을 고려해 볼 때 오일 매장량은 합리적으로 평가되었다고 생각하였다. 그러나 오일 상부 가스층(gas cap)의 불확실성에 대해서는 다음과 같은 이슈가 있었다.

- 저류층 압력 하락으로 인해 수 년간 상부 가스층(gas cap)의 부피가 증가되었는지?
- 가스층의 부피 증가로 잔류 가스 포화도(residual gas saturation)가 증가한 만큼 매장량이 감소하였는지?
- 상부 오일 생산정(updip oil wells)에서 높은 가스-오일 생산 비율로 인해 가

스층(gas cap)에 있던 가스가 부분적으로 고갈되었는지?

- 가스층(gas cap) 상부 시추 결과 현재 확인된 것보다 더 많은 단층(fault)이 있는 지?
- 가스층(gas cap)의 현재 저류층 압력은 어떠한지?
- 운영권자가 언제 가스층(gas cap)의 가스를 생산 할 것인 지? 오일의 회수를 극대화하기 위해 가스를 천천히 생산할 것인지? 아니면 현재의 가치를 극대화하기 위해 빠르게 생산할 것인지?

이러한 모든 질문들에 확실하게 답하는 것은 불가능하다. 메이저는 각각에 대하여 낙관적 케이스로 가정하고 공격적으로 가치를 계산하였다. 이러한 접근법에 따라 저류층의 상태와 유전 고갈 예상과 상관없이 높은 가격 제안이 유전 중개인에게 송부되었고 이 제안을 매수자가 받아드렸다.

○참여자들의 관점

- 매수자 : 매수자는 상대 제안을 받아들이고 거래를 마무리 지었다. 결과적으로 가스층(gas cap)의 가스를 생산하고 몇 년 후에 지분은 재 매각되었다.
- 매도자 : 운영권자는 계속해서 수동적으로 유전을 운영하였기 때문에 메이저에게는 좋은 매각이였다. 유전의 추가적인 가치는 가스층(gas cap)의 가스 생산으로 창출되지 않았다.

○교훈

이 사례는 비록 높은 가격을 지급하였지만 매수자를 대표한 유전 중개인의 공격적인 접근이 보상받는 것을 보여주었다. 불행하게도 이 매각은 메이저 직원들의 사기를 꺾었다. 매각 이후에 그 운영 지역에 추가적 생산 자산을 인수하기 위한 역할의 재배치가 이루어지지 않았기 때문이다.

■사례 연구 7 : 멕시코 만 소재 전략적 탐사 자산 매매

○거래 개요

메이저는 몇 개의 블록으로 이루어진 비운영 자산의 지분을 소유하고 있었으며 생산물은 공동 플랫폼에서 처리되고 있었다. 운영권자가 구매하지는 않았지만 메이저는 탄성파 탐사 자료의 이용이 가능하였다. 메이저는 탄성파 자료로부터 추가 이익 가능성(upside potential)이 있는 것을 확인하였고 탐사 프로그램을 시작하기를 원하였다. 메이저는 유전 운영권을 얻기를 원했을 뿐만 아니라 유전 소유 지분을 증가시키기 위해서 다양한 소규모 파트너들의 지분을 얻기를 원했다. 그리고 공동 소유자들과 정보를 공유하기 전에 유전 운영업무를 단순화 시키기를 원했다.

메이저는 모든 파트너들에게 제안을 보냈고 결과적으로 그들 중 5개의 파트너들과 인수를 협상하였다. 회수율이 개선될 것으로 예상되었기 때문에 확인 매장량에 대해 프리미엄 가격이 지급되었다. 운영권자는 매각을 고려하지 않았고 운영권을 쉽게 포기하지 않을 것을 표시하였다.

메이저는 파트너들에게 시추 계획 및 현재 운영권자로부터 유전의 운영권을 이전하는 것의 장점에 대해서 설명하였다. 파트너들은 메이저의 설득에 따라 메이저가 새로운 운영권자가 되는 것에 찬성하였다. 운영권이 메이저로 넘어간 후, 시추 프로그램에 대한 지출승인서(AFE)는 파트너들에게 제출되었다.

예상치 못하게 파트너들은 시추 제안에 대해 비판적으로 검토하기 위한 기술 회의를 요청하였고 이 회의는 희망하는 기한 내에 시추가 불가능할 정도로 상당한 시추 지연을 야기하였다. 수 차례 협의로 3개월의 시간이 흐른 후에야 시추에 대한 승인을 얻을 수 있었다.

○참여자들의 관점

- 매수자 : 메이저는 성공적으로 수 많은 공동 소유지분은 인수하고 운영권을 획득하기 위해 노력을 하였다.
- 매도자 : 매도자는 위험 계수 반영 매장량에 대해 좋은 가격을 받았다. 매도자

들은 탄성파 탐사 자료를 구매하지 않아서 추가 이익 가능성(upside potential)을 알지 못했다.

○교훈

이 거래를 통해서 많은 것을 배울 수가 있다.

- 운영권자는 자산에 대해 집중해야 하고 진중하게 유전을 탐사해야 하는 의무를 수행해야 한다. 왜냐하면 파트너들은 항상 무관심한 운영을 이용할 준비가 되어 있기 때문이다.
- 만약 다른 파트너가 더 많은 자료를 가지고 있고 특히 구하기 어려운 자료를 가지고 있다면 당신은 자산을 경쟁력 있게 운영할 수 없다.
- 우수한 기술력은 보상받게 되어 있다.
- 새로운 운영권자가 시추 프로그램의 승인을 파트너들에게 신속히 받는다는 것은 상당히 낙관적인 예측이다.

24-2 그룹 2, 생산이 감소하고 있는 자산의 매각

■사례 연구 1 : 멕시코 만 소재 가스 가격이 지분 매매에 영향을 준 사례

○거래 개요

많은 메이저들은 다양한 소유권과 함께 수 많은 블록을 점유하는 여러 해상 유전을 소유하고 있었다. 메이저의 주요 소유권은 두 개의 블록 안에 있었는데 그 블록은 다른 곳에 비하여 생산량 감쇄는 진행되었으나 수익성이 더 좋았다. 이 리스는 수 많은 비슷비슷한 규모의 다른 해상 유전들이 패키지로 구성되어 있었고 다양한 규모의 회사들에게 매각 제안되었다. 수 개월간의 매각 활동 결과 패키지는 매각되지 않았다. 가치가 낮고 비운영 해상 자산은 매력적인 자산이 아니었다. 패키지 내 유전들의 각 운영권자들에게 접촉하여 개별적으로 비운영자산의 매수를 제안하였다.

유전의 운영권자를 접촉하였더니 블록의 가치가 높지 않아 관심이 크지 않았다.

때는 여름이었고 가스가격이 상대적으로 낮은 시점이었다. 자산의 가치가 음(−)의 값일 수도 있기 때문에 운영권자는 메이저가 자산을 처분하려면 오히려 돈을 지급하고 떠나라고 요청하였다. 메이저는 그러한 상대 제안을 거절하였고 자산을 보유하였다.

두 회사는 해당 거래를 중요하지 않게 생각하였고 다른 거래들에 비하여 후순위로 밀렸다. 수 개월이 흐른 후에 메이저는 운영권자에게 접촉하였고 다음과 같은 포인트에 대해 설명하였다.

- 겨울에 접어들어 가스 가격의 강한 상승세가 수 개월간 지속될 것으로 예상되는 데다 생산량도 안정적이다.
- 발효일(effective date)을 6개월 전의 기존 협상하던 시점으로 한다면 운영권자는 그 발효일 시점부터 현재까지의 6개월치 매출에 대해서 지급받을 수 있다.

운영권자는 이러한 제안을 받아들였고 거래는 완료되었다.

○참여자들의 관점

- 매수자 : 운영권자는 자신이 소유한 인근 지역의 유전들을 함께 운영함으로써 비용을 절감할 수 있는 시너지를 창출할 수 있기 때문에 지분 매수를 원하였다. 운영권자도 언젠가는 해당 유전을 매각할 것이고 지분율이 높은 것이 매수자의 더 높은 관심을 유발할 것이다.
- 매도자 : 메이저는 해당 자산을 포트폴리오로부터 처분하려는 목표를 추가 비용 지급 없이 달성하였다. 매도자는 큰 손해 없이 거래를 마무리하였다.

○교훈

- 가치가 낮은 비운영 지분은 매각하기가 매우 어렵다.
- 가격 주기를 관찰하는 것은 이러한 종류의 매각이 어려운 자산을 매각할 때에 도움이 될 수 있다.

■사례 연구 2 : 멕시코 만 소재 세금 효과를 고려한 지분 이전

○거래 개요

메이저는 1980년대 중반에 1억 달러 이상을 주고 입찰을 통해 취득한 리스의 비운영 사업 지분(working interest)을 보유하고 있었다. 그 리스지역은 그때 당시 석유가 발견되었고 상당한 양이 있을 것이라고 추정되었다.

몇 년 후에 매장량이 굉장히 과대평가되었다는 것이 확실해졌다. 매장량이 과대평가된 부분을 감액한다면 높은 리스 매입 비용으로 인하여 회계상 이익에 부정적 영향을 미치기 때문에 해당 매장량을 감액하지 않았다. 유전이 고갈시점에 도달함에 따라서 잔여 세무상 매장량 가치가 실제 매장량 가치에 비하여 상대적으로 매우 높았다. 점차 가치가 하락함에 따라 유전을 매각하려는 시도가 있었으나 한 건의 매수 제안도 없었다. 고갈시점까지 자산을 보유하고 고갈 시점에서 감액하기로 결정하였다.

다시 평가해 본 결과 리스에 대한 세무상 장부 가액의 효과가 분석에서 누락되었다는 것이 확인되었다. 만약 상당한 세무상 장부 가액이 있을 경우 자산을 포기하고 운영권자에게 자산을 무상 이전하면 그 세무상 장부 가액이 과세표준을 공제하게 되고 따라서 세액이 줄어들어 메이저는 단기적으로 세후 현금 유출이 감소하게 되어 자산의 현재가치가 매우 커질 수 있다는 것을 깨달았다.

운영권자는 유전이 여전히 양(+)의 가치가 남아 있기 때문에 메이저의 무상 자산 이전 제안을 받아들였다. 메이저는 수 백만 달러의 세무상 잔액을 세금 공제를 통하여 장부에서 제거할 수 있었다.

○참여자들의 관점

• 매수자 : 이 사례에서 운영권자는 자산의 매수 제안이 있었을 때 매수 제안에 응하지 않았다. 운영권자는 유전이 매각되려 했을 때 자신의 우선매수권 행사를 통하여 자산을 취득할 수 있다는 것을 알고 있었다. 결과적으로 매도자가 운영권자에게 유전을 무상 이전함으로써 기다림에 대한 보상을 받을 수 있었다.

- 매도자 : 자산을 매각하려는 매도자의 목표는 달성되었다. 세무상 과세표준에서 해당 자산의 세무상 장부 가액을 공제하여 상당한 세금 공제 효과를 얻을 수 있었다. 현재가치 관점에서 보면 고갈 시점에서 상각하여 세금 공제를 하는 것보다 현재에 상각하는 것이 유리하다.

○교훈

자산의 가치에 비하여 매우 높거나 낮은 세무상 잔액은 평가에 영향을 미치며 매장량의 현재가치 이상으로 자산을 처분하는 의사결정에 큰 영향을 미친다.

24-3 그룹 3, 자산 교환

■사례 연구 1 : 멕시코 만 소재 자산 교환

○거래 개요

두 메이저는 그들의 포트폴리오를 검토한 결과 그들이 공동으로 소유한 성숙 단계에 있는 4개의 유전에 대한 미래 투자 가능성 및 추가개발이익에 대해서 상당한 인식 차이가 있다는 것을 알게 되었다.

유전 A는 폐공 비용이 높고 생산량이 작으며 미 시추된 추가개발가능지역이 있다. 운영권자인 메이저 1은 추가 탐사에 대해 부정적이었으며 시추할 계획이 없었다. 반면 비운영권자 메이저 2는 추가개발을 원하였으며 그 유전을 인수하기를 원하였다.

유전 B는 메이저 2에 의하여 운영되었으며 메이저 1에 의하여 운영되는 플랫폼의 가운데 위치하고 있었다. 유전은 상당한 현금흐름을 보유하고 있었으며 추가탐사개발 위험이 낮았다. 메이저 1은 추가개발이익 및 운영비 절감을 위하여 해당 유전을 인수하기를 원하였다.

유전 C는 6개월 내에 고갈될 것으로 예상되는 오래된 가스전이었다. 메이저 1은 거의 4 Bcf 만큼 초과 생산하였고 6백만 달러로 추정되는 가스 불균형(gas imbalance)을 현금으로 정산하기를 원하지 않았다.

유전 D는 메이저 2에 의하여 운영되고 있었으며 적절한 가치가 있었으나 두 회사에게 전략적으로 중요하지 않았다. 이 자산은 두 회사간 협상에 있어서 가치의 균형을 유지하게 해주는 역할을 할 것으로 보였다.

공동 소유한 자산과 다른 이슈들에 대해 수 개월간의 협상 끝에 4개의 자산에 대한 거래가 완료되었다. 메이저 1은 A, C 및 D 를 메이저 2에게 매각하였으며 메이저 1은 B를 메이저 2로부터 인수하였다.

○참가자들의 관점

- 메이저 1 : 메이저 1은 더 유리한 거래를 했다. 유전 B는 2개의 탐사 위치가 있었으며 예상대로 생산이 되었으며 이로 인하여 회사의 생산비를 낮추었다. 또한 유전 C의 6백만 달러의 가스 불균형(gas imbalance)의 현금 정산을 피할 수도 있었다.
- 메이저 2 : 유전 A에 대한 지구물리학적 평가 결과 해당 추가탐사지역은 경제성이 없으며 시추하지 않기로 결정하였다. 그 결과 유전의 가치는 예정된 폐공 비용으로 인해 6백만 달러에서 3백만 달러로 급락하였다. 유전 D는 고갈 시점까지 수년간 예상대로 생산되었다.

○교훈

- 더 좋은 기술력을 보유한 회사는 항상 유전의 성과에 대해서 더 정확하게 예측한다.
- 이 사례에서 가스 불균형(gas imbalance)를 포함시키는 것과 같은 다른 대안을 고려하는 것은 매우 현명한 전략이다.

■사례 연구 2 : 남부 루이지애나의 자산 교환에 대한 혁신적 접근

○거래 개요

메이저는 추가탐사개발지역을 보유한 대규모의 가스 유전을 운영하고 있었다. 공동 소유자는 오래된 계약을 통하여 작은 지분을 보유하고 있었다. 공동 소유자는 메이저에 의하여 리스된 저류층 지역에 대한 탄성파 탐사 자료를 보유하고 있지 않았다.

메이저는 자산에 대한 분석을 수행하였고 공동 소유자에게 현금 매수 제안을 하였으나 제안가격이 너무 낮아서 공동 소유자는 이를 거절하였다. 공동 소유자는 자산의 가치를 평가할 충분한 정보를 가지고 있지 않았기 때문에 자산의 가치에 대해서 알지 못하였다. 공동 소유자에게 있어 가장 안전한 방법은 낮은 가격에 매각하기 보다는 매각하지 않는 것이었다.

메이저는 자산의 100%를 소유하고 공격적인 유정 작업 및 시추 개발 계획을 진행하기를 원하였다. 만약 인수할 수 있다면 100%의 사업 지분(working interest)을 통해 자산에 통제권을 가질 수 있으며 지출승인(AFE) 절차로부터 자유로워 질 수 있었다.

메이저는 공동소유자가 추가 개발 가능 이익을 일부 공유할 수 있고 가격 변동성을 제거하는 교환 구조로 거래에 접근하기로 하였다. 그 제안은 공동 소유자의 사업 지분(working interest)을 인수하고 동일한 가치만큼의 우선적 로열티 지분(overriding royalty interest)을 지급하는 것이었다. 그 결과 전체 사업에 대해 4.4%의 우선적 로열티 지분을 지급하는 것으로 협상을 하였다.

○참여자들의 관점

• 메이저 : 메이저는 유정 작업을 잘 수행할 수 있었고 계획된 시간보다 더 빠르게 추가개발가능 지역을 시추할 수 있었을 뿐만 아니라 이미 100% 소유하고 있는 인근 지역 인프라의 운영비 절감 효과까지 누릴 수 있었다.

• 공동소유자 : 이 회사는 정보가 부족하였으며 사업 지분(working interest)만

큼 투자금을 지출해야 하는 어려움이 있었으나 본 거래를 통해 우선적 로열티 지분(overriding royalty interest)을 획득하여 추가개발가능이익의 일부를 공유할 수 있었다.

○교훈

공동소유자가 지분 매각을 망설일 때 메이저는 그 거래 실패를 피하려면 목적에 집중하는 유연성이 중요하다. 미래에 어느 시점, 즉 자산의 경제성 및 궁극 가채량에 영향을 주기 시작하는 시점에서는 메이저는 우선적 로열티 지분을 매입하기 위하여 공동 소유자에게 다시 접근할 것이다.

■사례 연구 3 : 멕시코 만 소재 운영 통합 효과를 고려한 자산의 교환

○거래 개요

두 메이저는 각각 상대방이 보유한 자산에 관심이 있었다.

메이저 1은 대규모 생산 자산의 95% 이상을 소유하고 있었으며 나머지 지분도 인수하기를 원하였다. 이를 통하여 운영의 통제, 회계의 간략화 그리고 유망한 탐사 프로그램을 다른 파트너 없이 진행할 수 있었다. 또한 유망구조(prospect)에 대한 기존의 탄성파 탐사 자료는 더 깊은 곳의 탐사 지층을 간과하였는데 그 부분 또한 기회였다.

메이저 2는 메이저 1과 소규모 자산을 5:5로 운영하고 소유하고 있었다. 메이저 2는 메이저 1이 투자를 원하지 않는 작은 규모의 추가 탐사 가능 지역을 확인하였다. 남은 유전 지분을 인수하면 시추 프로그램의 진행이 가능하였다.

간단한 협상 끝에 두 회사는 자산을 교환하기로 결정하고 그 과정에서 발생하는 사소한 가스 불균형(Gas imbalance)을 정산하기로 하였다.

○참여자들의 관점

- 메이저 1 : 회사는 대규모 유전 지분의 나머지를 인수할 수 있어서 만족하였다. 운영 및 회계의 단순화뿐만 아니라 유전은 생산 수명이 아직 많이 남아 있었으며 추가탐사가능지역이 계속 확인되었다. 또한 리스 하지 않은 지역의 생산물을 처리하는 시설들이 예상하지 못한 수입원이 되었다.
- 메이저 2 : 회사는 또한 운영 유전의 나머지를 인수할 수 있어서 만족하였다. 시추 프로그램을 진행하여 지질학 및 지구물리 전문가들의 도움으로 추가 개발한 이익을 50%가 아니라 100% 향유할 수 있었다.

○ 교훈

이 거래는 다른 많은 경우에서 참고된 거래이다. 그러나 메이저들이 충분히 많은 유전을 보유하고 그 유전들이 상호의 전략에 맞아서 교환하기 적절한 유전을 공동으로 소유한 경우가 점차 드물어지고 있다. 많은 독립계 석유회사들은 현재 멕시코만에서 규모가 큰 포트폴리오들을 소유하고 있으며 독립계 석유회사들 간의 자산의 교환은 향후 더욱 더 일반화될 것이다.

메이저 1에 의해 인수된 대규모 유전은 2개의 재개발 프로그램이 있었다. 업계에서 오래 동안 내려오는 말인 "대규모 유전은 점점 커진다 (Big fields get bigger)"라는 격언은 이 경우 확실히 사실이었으며 궁극적으로 높은 추가개발가능이익으로 인해 더 오랜 기간 생산할 수 있는 유전을 인수한 메이저 1이 더욱 유리한 교환을 한 것으로 나타났다.

■저자 소개

Jim Haag : Jim Haag(1934~)는 Texaco 社 멕시코 만 및 텍사스 남부에서 플로리다에 이르는 멕시코 만 연안 지역을 30년간 담당하였다. 그는 신규 사업 매니저 및 유전 평가 코디네이터로서 유전 인수, 교환 및 매각을 위해서 회사와 제3자의 매장량 및 경제성 분석을 수행하고 지휘하면서 효과적인 포트폴리오 관리 전략(portfolio management strategy)을 개발하였다. 유전 인수를 위한 데이터 룸 팀을 이끌며 그는 석유공학, 지질학, 지구물리학, 세무, 회계, 자금조달, 토지, 운영 조직 및 재무 활동 노력을 종합하였으며 유전 패키지 매각에 있어 마케팅, 협상 그리고 거래 완료를 주도하였다. Haag는 해상의 미 탐사지역의 발견된 유전 개발, 회수 증진법 및 신규 파이프 라인 건설, 조인트 벤처 그리고 자금 조달 등에 대한 경제성 분석을 수행하였으며 내부 경제성 및 위험 분석을 위해 수 많은 교안을 만들었고 강의를 하였다.
Haag는 루이지애나 주의 등록된 석유공학자이며 그는 석유평가공학자회(SPEE)의 이사를 역임하고 석유공학자회(SPE)에 소속되어 있다.

■역자 소개

정웅재 한국공인회계사
대원외국어고등학교 졸
서강대 경영학과 졸
삼일회계법인 FAS
한국투자신탁운용 자원개발팀
GS 칼텍스 자원개발부문 자원개발팀
GS 에너지 자원개발부문 미주 · 유럽팀(現)

이석민 창원중앙고등학교 졸
서울대 자원공학 학사 졸
서울대 석유공학 석사 졸
우리투자증권 M&A 팀
한국투자신탁운용 자원개발팀
포스코 원료개발실(現)
서울대 자원개발아카데미 전임 강사(現)

■감수 소개

장일식 서울대 자원공학 학사 졸
서울대 석유공학 석사 졸
서울대 석유공학 박사 졸
한국석유공사 석유공학실
조선대학교 에너지자원공학과 교수(現)

유전 투자의 이해

저 자 Jim Haag
역 자 정웅재 · 이석민
감 수 장일식
발행인 임 해 진
발행처 구미서관
인 쇄 2013년 3월 23일 제1판 1쇄
발 행 2013년 3월 30일 제1판 1쇄
주 소 서울시 마포구 신촌로 2길 5-15 구미빌딩
Tel : (대)333-1101 Fax : 335-2201
등 록 1979년 6월 29일 No. 9-6호
ISBN 978-89-8225-929-6[93530]

홈페이지 **http://www.goomibook.com**

정 가 17,000원